U0677806

高职高专特色课程规划教材

制冷空调设备维修

主编　王荣梅

东北大学出版社

·沈　阳·

© 王荣梅 2021

图书在版编目（CIP）数据

制冷空调设备维修 / 王荣梅主编. — 沈阳：东北
大学出版社，2021.1

ISBN 978-7-5517-2620-7

Ⅰ. ①制… Ⅱ. ①王… Ⅲ. ①制冷—空气调节设备—
维修—高等职业教育—教材 Ⅳ. ①TB657.2

中国版本图书馆 CIP 数据核字（2020）第 268223 号

内容简介

本教材主要介绍了家用电冰箱和房间空调器的基础知识、制冷维修基本操作，家用电冰箱的故障判断与维修，以及房间空调器的安装与维修。本教材中融入了制冷空调设备安装、制冷设备调试、制冷设备检修及制冷设备维修工国家职业标准等方面的职业技能与理论知识，并在编写过程中对相关技能知识进行了重构，紧密围绕专业培养目标，针对"制冷设备维修工"的真实工作任务，对学生进行电冰箱、空调器等常见小型制冷装置的维修技能传授和训练。本教材对学生动手能力、合作能力和创新能力，以及对择业的适应能力等职业能力与职业素养的培养具有重要的作用。

本教材可作为高等职业院校制冷与冷藏技术专业的教材，也可以作为培训机构、企业相关专业的培训教材和相关技术人员参考用书。

出 版 者：东北大学出版社
　　　　　地址：沈阳市和平区文化路三号巷 11 号
　　　　　邮编：110819
　　　　　电话：024-83687331（市场部）　83680267（社务部）
　　　　　传真：024-83680180（市场部）　83680265（社务部）
　　　　　网址：http：//www. neupress. com
　　　　　E-mail：neuph@ neupress. com
印 刷 者：辽宁一诺广告印务有限公司
发 行 者：东北大学出版社
幅面尺寸：185 mm×260 mm
印　　张：10.25
字　　数：230 千字
出版时间：2020 年 12 月第 1 版
印刷时间：2021 年 1 月第 1 次印刷
策划编辑：牛连功
责任编辑：周　朦
责任校对：袁竹筠
封面设计：潘正一

ISBN 978-7-5517-2620-7　　　　　　　　　　　定　价：30.00 元

前　言

　　本教材为适应当前高等职业教育改革发展需要而编写。突出高职教育以学生为主体、以能力为本位的宗旨，以及职业能力培养的教育特点，遵循高职高专院校制冷与冷藏技术专业人才培养规格和专业标准要求，适应人才培养模式的教学改革需求。

　　本教材融入了制冷空调设备安装、制冷设备调试、制冷设备检修及制冷设备维修工国家职业标准等方面的职业技能与理论知识。在编写过程中，对涉及上述相关技能知识进行了重构，紧密围绕专业培养目标，针对"制冷设备维修工"的真实工作任务，以典型设备为载体，创设学习内容，对学生进行电冰箱、空调器等常见小型制冷装置的维修技能传授和训练。这对学生的动手能力、合作能力和创新能力，以及对择业的适应能力等职业能力与职业素养的培养具有重要的作用。在形式上，每个章节都设有"知识目标""能力目标""相关知识"等，引导学生明确各章节的学习目标，以及与课程相关的知识和技能。本教材共分六章，内容包括家用电冰箱、房间空调器、制冷维修基本操作、房间空调器的安装、家用电冰箱故障判断与维修、房间空调器故障判断与维修等。

　　本教材的主要特色有以下三个方面。

　　①职业性。根据制冷与冷藏技术专业学生所应掌握的相关知识要素、能力要素和素质要求，以职业能力为核心，设计与工作内容相一致的课程学习内容。

　　②实践性。对提高学生综合分析和解决问题的能力，强化学生的实践技能，实现制冷设备维修工中级工的培养目标起到支撑和促进作用。

　　③创新性。将传统学科体系课程中的知识、内容转化为若干个学习章节，突显项目教学、校企合作等教学改革的特点。

　　本教材由王荣梅担任主编。本教材在编写过程中参阅了大量的专著和资料，并吸取了其精华。同时在编写过程中，还得到了辽宁石化职业技术学院隋博远、宋党伟老师及永恒制冷公司王宝祥经理的大力帮助与支持，在此表示衷心感谢。

　　由于编者水平有限，本教材中难免有错误及疏漏之处，敬请读者批评指正。殷切希望得到读者的宝贵意见与建议。

编　者

2020 年 9 月

目 录

第一章　家用电冰箱

在21世纪，伴随科技的飞速发展与进步，各式各样的家用电器、电子产品走进了人们的生活中。家用电冰箱是冷藏、冷冻、保鲜食品所必需的制冷设备。电冰箱有多种不同的规格尺寸，市面上可见的有单门、双门、三门和多门冰箱。电冰箱主要由制冷系统、控制系统及箱体构成，其中制冷系统由4个基本部分(即压缩机、冷凝器、蒸发器、膨胀阀或者毛细管)构成。

电冰箱是一个习惯的称呼，可泛指以人工方法获得低温，供储存食物、药品用的冷藏与冷冻器具。一般来说，它是家庭、商业，以及医疗卫生和科研上使用的各种类型、性能和用途的冷藏箱(柜)和冷冻箱(柜)的总称。

第一节　家用电冰箱的基础知识

【知识目标】

(1)掌握家用电冰箱的分类方法。

(2)掌握家用电冰箱的规格及型号。

(3)了解家用电冰箱的箱体结构。

【能力目标】

(1)能正确分辨家用电冰箱的不同类别及型号。

(2)能正确分辨家用电冰箱的规格。

(3)能正确说明家用电冰箱箱体的各部件名称。

【相关知识】

一、家用电冰箱的分类

电冰箱是以人工方法获得低温并提供储存空间的冷藏与冷冻器具。家用电冰箱是指供家庭使用，用消耗电能的手段来制冷，具有一个或多个间室，并有适当容积和装置的绝热箱体。

电冰箱的类型很多,分类方法也不少。常见的分类方法有:按照用途分类、按照冷却方式分类、按照容积分类、按照箱门分类、按照星级分类等。

1. 按照用途不同分类

(1)冷藏箱。

冷藏箱没有冷冻功能,主要用于食品和药品的冷藏保鲜,也可以用来短期储存少量的冷冻食品。

(2)冷冻箱。

冷冻箱没有冷藏室,只有一个冷冻室,可提供-18 ℃以下的低温,用来冷冻较多的食品。

(3)普通家用电冰箱。

普通家用电冰箱具有冷藏和冷冻两种功能。其箱体分为若干个相互隔离的小室,且各室温度不同,其中一个为冷冻室(有的还具有速冻功能),其余为具有不同温度的冷藏室。

2. 按照冷却方式不同分类

(1)直冷式电冰箱。

直冷式电冰箱也称有霜电冰箱,采用空气自然对流的降温方式,其冷藏室和冷冻室各有独立的蒸发器,可以直接吸收食品或室内空气中的热量而使其冷却降温。

特点:结构简单,冻结速度快,耗电少。但冷藏室降温慢,箱内温度不均匀;冷冻室蒸发器易结霜,化霜麻烦。

(2)间冷式电冰箱。

间冷式电冰箱又称为风冷无霜电冰箱,是采用强制空气对流降温方式的电冰箱。其在结构上将蒸发器集中放置在一个专门的制冷区域内,依靠风扇吹送冷气在冰箱内循环来降低箱内温度。

特点:降温速度快,箱内温度均匀;箱内的水分被空气带到蒸发器表面凝结成霜,箱内不会结霜,融霜时箱内温度波动小;从蒸发器送至箱内的是干燥的空气,因而储藏食物的效果较好,尤其适合速冻食物。但结构复杂,干耗大,耗电比一般直冷式冰箱高5%~15%,价格较贵。

(3)直冷、风冷混合式电冰箱。

直冷、风冷混合式电冰箱的冷藏室一般采用空气自然对流的降温方式,冷冻室采用强制冷气对流的降温方式。

特点:性能良好,但采用电子温控装置,价格较昂贵,适用于大容积多门豪华型电冰箱。

3. 按照容积大小分类

(1)携带式电冰箱。

携带式电冰箱容积在 12~20 L，多为半导体冰箱，可供旅行及装在汽车上使用。

(2)台式电冰箱。

台式电冰箱容积在 30~50 L，多设在旅馆房间内供住客使用。

(3)落地式电冰箱。

落地式电冰箱容积在 50 L 以上，我国家庭多使用 150~270 L 的落地式电冰箱。

4. 按照箱门数量分类

(1)单门电冰箱。

单门电冰箱如图 1-1 所示，只设一扇箱门，其箱内上部有一个由蒸发器围成的冷冻室，可储藏冷冻食品。冷冻室下面为冷藏室，由接水盘与蒸发器隔开。

单门电冰箱都属于直冷式电冰箱。

图 1-1 单门电冰箱

(2)双门电冰箱。

双门电冰箱如图 1-2 所示，有两个分别开启的箱门，多为立柜上下开启式。它有两个大小不等的隔间，小隔间为冷冻室，大隔间为冷藏室。

(3)三门电冰箱。

三门电冰箱如图 1-3 所示，有 3 个分别开启的箱门或 3 只抽屉，对应 3 个不同的温区，适合储藏不同温度要求的各类食品，做到各间室的功能分开，食品生熟分开，以保证冷冻冷藏的质量。这是近年来比较流行的产品。

(4)多门电冰箱。

多门电冰箱的容积都在 250 L 以上，制冷方式为风冷式，多为抽屉式结构，可设置不同的温区，便于储存温度要求不同的各类食品，如图 1-4 所示。

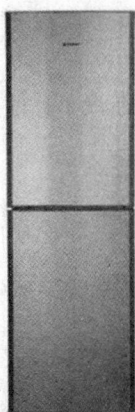

图 1-2　双门电冰箱　　　　图 1-3　三门电冰箱　　　　图 1-4　多门电冰箱

5. 按照星级分类

电冰箱按照星级分类的标准如表 1-1 所列。

表 1-1　电冰箱按照星级分类的标准

级别	星号	冷冻室温度/℃	冷冻室储藏期
一星	*	<-6	7 天
二星	* *	<-12	1 个月
三星	* * *	<-18	3 个月
四星	* * * *	<-24	6~8 个月

二、家用电冰箱的规格和型号

1. 规格

根据我国国家标准《家用和类似用途制冷器具》（GB/T 8059.1—1995）的规定：家用电冰箱的规格以有效容积表示。有效容积是指电冰箱关上箱门后其内壁所包括的可供储藏物品的空间。有效容积的计算方法是以实物为基础，结合图样或模具进行测算而得到的，没有统一的标准，国内一般倾向于以下三种标准：

（1）有效容积不大于 100 L 为小规格冰箱；

（2）有效容积在 100~250 L 为常规规格冰箱；

（3）有效容积大于 250 L 为大规格冰箱。

2. 型号

电冰箱的型号由表示产品名称、类型、有效容积等的基本参数字母和数字组合而成，国产电冰箱的型号命名方式如下：

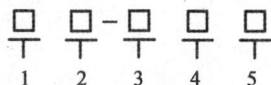

$$\boxed{\ }\ \boxed{\ }\text{-}\boxed{\ }\ \boxed{\ }\ \boxed{\ }$$
$$1\quad2\quad3\quad4\quad5$$

其中，1——产品代号，B 表示家用电冰箱；

　　　2——用途分类代号(冷藏箱为 C、冷藏冷冻箱为 CD、冷冻箱为 D)；

　　　3——规格代号(指有效容积，用阿拉伯数字表示，单位为 L)；

　　　4——冷却方式，无霜冰箱用汉语拼音字母 W 表示，有霜冰箱不表示；

　　　5——改进设计序号，用大写英文字母表示。

　　例如：BC-180 表示家用冷藏箱，有效容积为 180 L；BCD-150B 表示家用冷藏冷冻箱，有效容积为 150 L，经过第二次设计改进；BCD-251WA 表示家用冷藏冷冻箱，风冷式(无霜)，有效容积为 251 L，经过第一次设计改进。

三、家用电冰箱的箱体结构

　　箱体是电冰箱的基础结构。箱体结构形式直接影响着电冰箱的使用性能、耐久性和经济性。箱体的质量，在一定程度上标志着电冰箱的质量。

　　电冰箱的箱体由壳体、箱门、台面及其他一些必要箱内附件组成。壳体和箱门形成一个能存放物品的密闭容器，台面主要起装饰和保护作用。

　　箱体首先要有长时间的保冷作用，其次是美观、平整、光洁。壳体包括外壳、内胆和隔热材料三部分。箱门由门体和磁性门封条两部分组成。箱内附件包括搁架、果菜盒、制冰盒、接水盒、玻璃盖板等。

　　双门电冰箱的箱体结构见图 1-5。

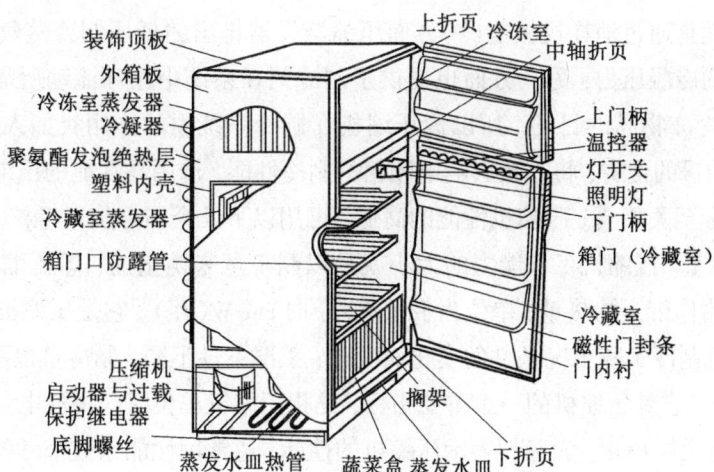

图 1-5　双门电冰箱的箱体结构

　　除制冷系统外，箱体的保温和箱门的密封性是电冰箱制冷效果好坏的关键。箱体的热损失主要表现为三个方面：①箱体绝热层的热损失，约占总热损失的 80%；②箱门和门封条的热损失，约占总热损失的 15%；③箱体结构零件的热损失，约占总热损失的 3%。

第二节　家用电冰箱的制冷系统

【知识目标】

(1)了解家用电冰箱制冷系统的部件组成。

(2)掌握双门双控家用电冰箱的制冷系统。

(3)掌握家用电冰箱的制冷性能指标。

【能力目标】

(1)能正确分辨家用电冰箱的部件名称。

(2)能正确分辨家用电冰箱的不同制冷系统。

【相关知识】

家用电冰箱制冷系统主要由全封闭制冷压缩机、蒸发器、冷凝器、毛细管、干燥过滤器等组成。

一、家用电冰箱制冷系统部件

1. 压缩机

压缩机就是通过消耗机械能(一方面压缩蒸发器排出的低压制冷蒸气，使之升到正常冷凝所需的冷凝压力；另一方面也提供了制冷剂在系统中循环流动所需的动力)达到循环冷藏或冷冻物品的目的。所以说压缩机在制冷系统中的作用犹如人的心脏一样重要。压缩机质量的优劣，将直接影响电冰箱的制冷性能。选用高性能的压缩机，对电冰箱各种性能指标至关重要。压缩机性能的高低，可用以下几个指标加以考核。

(1)制冷量。压缩机工作能力的大小就是以制冷量来衡量的，即压缩机工作时每小时从被冷却物体带走的热量，单位为 J/h(焦/小时)或 W(瓦)。它是压缩机最主要的技术指标。压缩机制冷量随工况条件的变化而变化，工况条件不同，制冷量也不同。

(2)功率。它是压缩机的一个重要指标，是指压缩机单位时间内耗电量的多少。

(3)性能系数 COP。为确切表示压缩机的性能，通常用性能系数来考核。性能系数就是制冷量与输出功率之比，COP 越大说明压缩机效率越高，但是效率不等于性能。

2. 蒸发器

蒸发器是一种将冰箱内的热量传递给制冷剂的热交换器，它的主要作用是把毛细管送来的低温低压制冷剂液，经吸收箱内食品的热量后蒸发为制冷剂饱和蒸气，达到制冷的目的。

按照空气循环对流方式的不同，电冰箱的蒸发器分为自然对流式和强制对流式两种；按照传热面的结构形状及其加工方法不同，电冰箱的蒸发器可分为以下四种。

（1）管板式蒸发器。

管板式蒸发器是将铝管或异形铜管制成的盘管黏附或贴附于壳壁外侧，铸于聚氨酯隔热层内或直接制成搁架式放在冷冻室内。

管板式蒸发器的优点：冷冻室内壁光洁、平整，不易泄漏，不易损伤，即使壳壁破裂，只要盘管未受到损伤，制冷剂也不致泄漏；盘管不与外界空气、水分接触，故不易腐蚀。其缺点：管路只能做成单程盘管，为避免压力损失，盘管长度受到一定的限制，管道的间距较大，从而使管道与壁板之间的温差相对吹胀式而言要大一些，传递效率降低。

直冷式双门电冰箱的冷冻室多采用管板式蒸发器。

（2）铝复合板式蒸发器。

铝复合板式蒸发器是将管路用阻焊剂调成的涂料，按照所需管线印刷在铝板上，与另一块铝板合在一起进行强力高压轧焊成一体，然后用气压将印刷管路吹胀，成为蒸发器板坯，再焊上接管后弯曲成型。铝复合板式蒸发器的外形如图1-6所示。

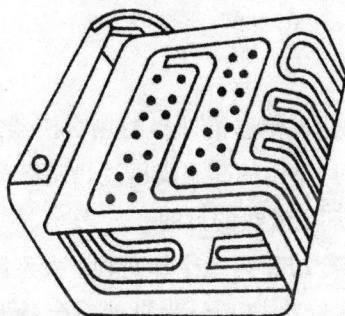

图1-6 铝复合板式蒸发器的外形

这种蒸发器表面平整不易积垢，管路流程可多路并联而不要接头，而且管路密集、压力损失小，管道与壁板之间的温差小，传热效率高。

铝复合板蒸发器多用作单门电冰箱和双门电冰箱冷藏室蒸发器，也可用作双门直冷式电冰箱冷冻室蒸发器。

（3）层架盘管式蒸发器。

在目前较流行的冷冻室下置内抽屉式直冷式冰箱中，蒸发器普遍采用层架盘管式蒸发器，其外形如图1-7所示。盘管既是蒸发器，又是抽屉搁架。

这种蒸发器制造工艺简单，便于检修，成本较低（可用铝管或邦迪管），而且有利于箱内温度保持均匀，冷却速度快。

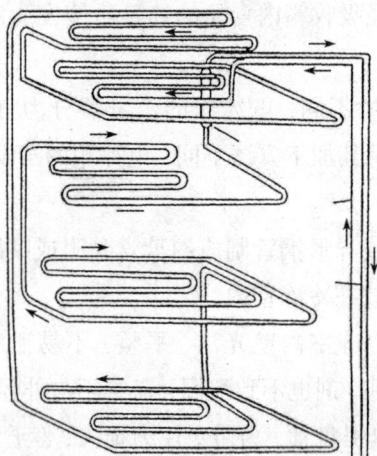

图 1-7　层架盘管式蒸发器的外形

（4）翅片盘管式蒸发器。

翅片盘管式蒸发器主要用于间冷式电冰箱。翅片一般由 0.1~0.2 mm 的铝片制成，片距 6~8 mm，盘管采用 $\phi 8$~$\phi 12$ mm 的铜管或铝管。盘管之间还设有电热管，用以快速自动除霜。

这种蒸发器依靠专用的小风扇，以强制对流的冷却方式吹送空气经过其表面。专用的小风扇电机输入功率一般有 3，6，9 W 三种。

3. 冷凝器

冷凝器是一种将制冷剂的热量传递给外界的热交换器，安装在电冰箱箱体的背部。它的主要作用是把压缩机压缩后排出的高温高压过热制冷剂蒸气冷却，变为中温高压的液态制冷剂，从而达到向周围环境散热的目的。

冷凝器的冷却方式分为水冷却和空气冷却两种。大型制冷设备多采用水冷却方式。冰箱一般使用空气冷却，而空气冷却又分为自然对流冷却和风扇强制对流冷却两种方式。

（1）自然对流冷却。

空气自然对流冷却具有构造简单、无风机噪声、不易发生故障等优点，但是传热效率较低。300 L 以下的电冰箱和小型冷冻箱多采用此种冷却方式。

（2）强制对流冷却。

空气风机强制对流冷却的传热效率较高，结构紧凑，不需要水源，使用比较方便，但风机有一定的噪声。当电冰箱容积在 300 L 以上时，有时采用此种冷却方式。厨房冷藏箱等较大型设备的冷凝器，也多采用此种方式。

4. 毛细管

毛细管是电冰箱上的节流降压装置，位于冰箱的后下部。它的作用主要有两个：①在压缩机运行中，保持蒸发器与冷凝器之间有一定的压力差，从而使制冷剂在蒸发器中规定的低压力状况下蒸发吸热，使冷凝器中的气态制冷剂在一定的高压下冷凝放热；②控制制冷剂的流量，使蒸发器保持合理的温度，以实现电冰箱安全、经济运行。

5. 干燥过滤器

干燥过滤器由干燥器和过滤器两部分组成。在电冰箱的制冷系统中，它安装在冷凝器的出口与毛细管的进口之间的液体管道中。它的作用主要有两个：①清除制冷系统中的残留水分，防止产生冰堵，并减少水分对制冷系统的腐蚀作用；②滤除制冷系统中的杂质，如金属屑、各种氧化物和灰尘，以免毛细管产生脏堵。

二、家用电冰箱制冷系统形式

近年来，国内外市场上电冰箱种类甚多，制冷系统的形式也有所不同，通常有如下几类：①直冷式单门电冰箱制冷系统；②直冷式双门双温电冰箱的单毛细管制冷系统；③直冷式双门双温电冰箱的双毛细管制冷系统；④间冷式双门双温电冰箱制冷系统。

典型的家用电冰箱制冷系统如图1-8所示。

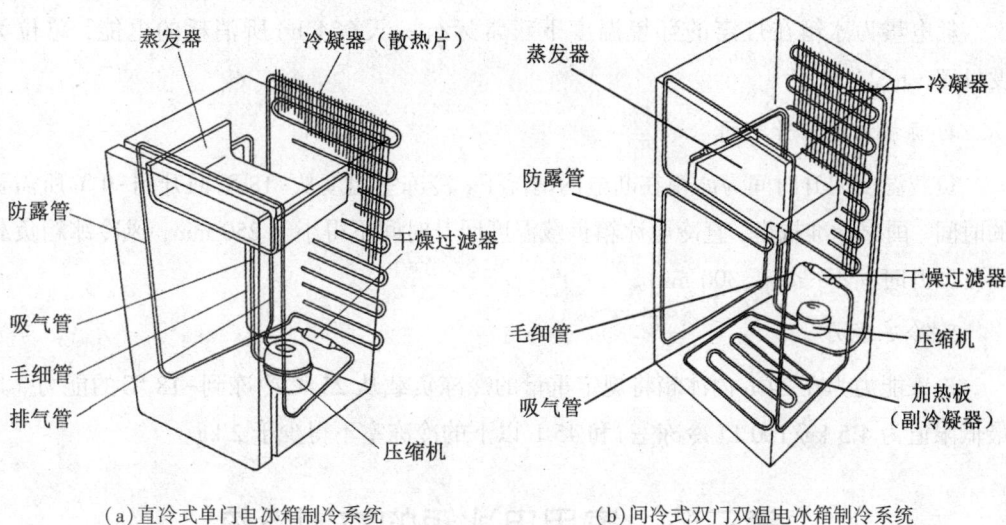

(a)直冷式单门电冰箱制冷系统　　　　　　(b)间冷式双门双温电冰箱制冷系统

图1-8　冰箱制冷系统实际布置图

双门双控家用电冰箱的制冷系统主要由压缩机、冷凝器、电磁阀、毛细管、蒸发器等组成。电冰箱的核心部件是压缩机，家用电冰箱压缩机采用全封闭式压缩机。

电冰箱的制冷工作原理如下：

(1)第一制冷回路A：压缩机→冷凝器→二位三通电磁阀→第一毛细管→冷藏室蒸发器→冷冻室蒸发器→压缩机。

(2)第二制冷回路B：压缩机→冷凝器→二位三通电磁阀→第二毛细管→冷冻室蒸发器→压缩机。

三、电冰箱的制冷性能

1. 储藏温度

储藏温度如表1-2所列。

表1-2 储藏温度

冷藏室	0~10 ℃		
冷冻室	一星级	二星级	三星级
	≤-6 ℃	≤-12 ℃	≤-18 ℃
冷却室	8~14 ℃		

2. 冷却速度

冰箱各个间室的瞬时温度从环境温度达到表1-2规定的储藏温度,要求其持续运行时间不超过3 h。

3. 耗电量

耗电量为冰箱在规定的环境温度下正常运行一天(24 h)所消耗的电能,单位为度(kW·h/24 h)。

4. 负载温度回升时间

负载温度回升时间为冰箱在断电的情况下,冷冻室温度从-18 ℃回升到-9 ℃所需要的时间。国家标准规定,直冷电冰箱负载温度回升时间不得小于250 min,风冷冰箱负载温度回升时间不得小于300 min。

5. 冷冻能力

冷冻能力为在24 h内冰箱将规定重量的冷冻负载从25 ℃冷冻到-18 ℃的能力。其最低限值为4.5 kg/100 L(冷冻室)和45 L以下的冷冻室不得少于2 kg。

第三节 家用电冰箱的控制系统

【知识目标】

(1)掌握家用电冰箱的控制系统主要零部件。

(2)了解典型家用电冰箱的控制电路。

【能力目标】

(1)能正确分辨家用电冰箱的控制系统零部件。

(2)能正确识读家用电冰箱的控制电路。

【相关知识】

电冰箱的电气控制系统通过由专门的装置组成的各个电路，来行使电冰箱的温度控制、融霜控制及启动、保护、照明等各项功能。电冰箱控制系统的主要作用，是根据使用要求，自动控制制冷机的启动、运行和停止，调节制冷剂的流量，并对制冷机及其电气设备执行自动保护，以防止发生事故。此外，还可实现最佳控制，降低能耗，以提高制冷机运行的经济性。

电冰箱的电气控制系统包括温度自动控制、除霜控制、流量自动控制、过载、过热及异常保护等。电冰箱通过控制系统来保证其在各种使用条件下安全可靠地正常运行。

一、电冰箱的控制系统主要部件

1. 压缩机电机

电冰箱压缩机为单相电机。在电机定子中，有运行绕组和启动绕组。压缩机电机与冰箱制冷系统的其他控制元件的线路连接，是通过压缩机封闭机壳上的三个接线端子连接的。三个接线端子分别为运行端、启动端和公共端，三者的位置必须判别准确才能接线。冰箱压缩机国内外产品规格众多，三个接线端子位置各不相同。国外压缩机一般都有标志，通常以 M(或 R)代表运行绕组，S 代表启动绕组，C 代表公共线。国产压缩机目前尚无标志。

(1)电冰箱单相压缩机接线端子的识别。

在测量之前先分别在每根线柱附近标上 1, 2, 3 的记号，然后用万用表测量 1 与 2，2 与 3, 3 与 1 三组线柱之间的电阻，测量得到的电阻值如图 1-9 所示。2 与 3 之间的阻值最大为 45 Ω，是运行绕组和启动绕组的电阻值之和，说明另一线柱 1 为运行绕组与启动绕组的公共接头。1 与 3 之间的电阻值是 33 Ω，为次大电阻，应是启动绕组的电阻值。1 与 2 之间的电阻值是 12 Ω，为最小电阻，应是运行绕组的电阻值。因此，可以判断引线柱 1 为公共接头，引线柱 2 是运行绕组接头，引线柱 3 是启动绕组接头。对于压缩机电机绕组阻值的测量，单相电机在 3 个引线上测得的阻值，应满足如下关系：

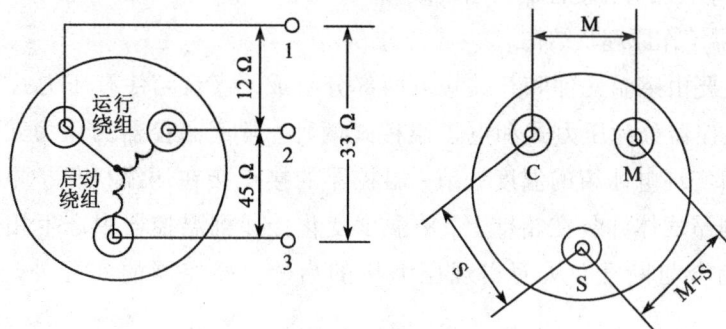

图 1-9 单相压缩机接线端子标识

$$总阻值=运行绕组阻值+启动绕组阻值$$

由此可总结出方便记忆的方法：运行与启动端阻值最大；启动与公共端阻值中等；运行与公共端阻值最小。

(2)电机质量的鉴别。

通过测量压缩机接线端子间的电阻值可判断出电机绕组有无故障。造成冰箱不启动的压缩机故障中，最常见的是电机绕组烧毁。如果电机绕组完全烧断，通电后压缩机启动电流等于 0；而如果绕组与定子或两绕组之间严重短路，会导致电流增大。而此时如果冰箱通电，电源保险丝很快被烧毁，或者是将保护器烧断后，冰箱也无法启动。

压缩机的电机绕组烧毁，大部分发生在启动绕组上，因为启动绕组的线径较细，且它是按照短时工作方式设计的。如果电机不能正常启动，保护器又未能及时动作，就会烧毁启动绕组。若保护器能动作，但压缩机又不能正常运转，就会出现启动频繁现象。此时，电流很大。而长时间的反复动作，将使启动绕组温度不断升高，最终也会将启动绕组烧坏。

检查压缩机绕组时，首先要测量启动绕组和运行绕组的直流电阻值。用万用表电阻档测量电机绕组的电阻值。分别测量每两个接线端子之间的电阻值，即 R_{MC}，R_{SC}，R_{MS}。在一般情况下，应满足下述关系：

$$R_{MC}<R_{SC}<R_{MS}\text{和}R_{MS}=R_{SC}+R_{MC}$$

在测量全封闭压缩机电机的直流电阻的同时，还必须测量压缩机电机绕组的绝缘电阻。利用绝缘电阻表测量三个接线端子对地(外壳)的电阻值 R_{MG}，R_{SG}，R_{CG}，正常值应在 2 MΩ 以上，如果绝缘电阻小于 2 MΩ 较多或接近于零，则说明电机绕组对地短路，绕组绝缘已受到破坏，发生绕组碰壳故障。

2. 温度控制器

电冰箱中常用的温度控制器(简称温控器)为温感压力式温度控制器，其感温管安装在蒸发器的出口处。一般而言，如果冷藏室的温度低于 0 ℃ 压缩机仍不停，或高于 10 ℃ 压缩机仍不启动，说明温度控制器出现故障。

(1)温控器工作原理及结构。

温控器主要由感温元件和开关触点两部分组成。感温元件有压力式和热敏电阻两种，因此温控器分为压力式和电子温控式两种。常用温控器为压力式，用户通过温度调节旋钮实现电冰箱的温度调节。温控器的接点接在压缩机保护电路中，感温管中充有氟利昂气体并装在箱壁上，将温度变化传递到温控器中产生相应的压力来控制节点的闭合与断开，从而实现压缩机的启停。温控器的实际外形如图 1-10 所示。

图1-10 温控器的实际外形

温控器安装在小盒中，它的感温管（温度传感器）紧贴后箱壁，由于后箱壁的后面板上安装有副蒸发器，因此它检测的就是副蒸发器的温度。

（2）冰箱的温度控制器的调节方式。

冰箱的温度控制器可以用来调节冰箱内的制冷温度。温度控制器旋钮上的数字1，2，3，4等，只作温度调节的相对参考，并不代表冰箱内的实际温度，箱内的实际温度要用温度计来测量。

①在环境温度不变的情况下，应通过以下方式调节冰箱的温度。对于直冷式冰箱，温度控制器仅控制冷藏室的温度，冷冻室的温度则随冷藏室的温度而变化，目的在于确保冷藏室温度不至于低于0 ℃，以免冻坏冷藏物品。应根据箱内储存的不同物品，调节箱内温度。当要求温度调低时，可将旋钮盘面上较大的数字对准标记符号。当要求温度调高时，用旋钮盘面上较小的数字对准标记符号。但必须注意，冷藏室最低温度不得低于0 ℃。对于风冷式无霜冰箱，一般采用两个温度控制器，其中一个控制冷冻室的温度，另一个控制冷藏室的温度。这种方式比较合理，既能确保冷藏室的温度不低于0 ℃，又能使冷冻室的温度降到最低温度。

②当环境温度有明显变化时，应通过以下方式调节冰箱的温度。对于直冷式冰箱，当环境温度低于15 ℃时，标记应对准最小的数字；环境温度为15~25 ℃时，标记应对准较小的数字；环境温度为25~30 ℃时，标记应对准中间的数字；环境温度为30~40 ℃时，标记应对准较大的数字；环境温度高于40 ℃时，标记应对准最大的数字。对于风冷式无霜冰箱，由于采用两个温度控制器，调节温度时，应注意配合。当环境温度低于10 ℃时，冷藏室的温度控制器应旋至较小的数字，而冷冻室的温度控制器反倒要旋至最大的数字，否则会因压缩机运行时间过少而达不到冷冻温度，使冷冻室的冷冻食品化冻。

温度控制器旋钮不要初次使用就调到数字很高的强冷点，而应先调到中点，再逐渐往下调。每调整一次均需使压缩机自动开停多次，使箱内温度趋于稳定。

3. 启动控制器

单相异步电机的启动，必须依靠外接启动元件来完成（一般由继电器或电容器来承担启动任务）。电冰箱专用的电流继电器称为启动继电器。

启动继电器的作用是：当电机启动时，使启动绕组接通电源，随即电机转子加速旋转。当只靠运行绕组即可维持运行速度时，运行电流减小，并及时切断启动电路。所以，启动时，如不在启动绕组中通入电流，电机就无法启动旋转；运转后若不能及时切断启动电流，则启动绕组就会被烧毁。启动控制器一般采用重锤式启动器和 PTC 启动器。

（1）重锤式启动器。

重锤式启动器的结构主要包括励磁线圈、重锤(衔铁)、弹簧、动触点、静触点、T 形架、外壳等。重锤式启动器的外形如图 1-11 所示。当电机未启动时，由于重力作用重锤式衔铁处于断开位置；启动时，通过启动器线圈的电流较高，励磁线圈将衔铁吸合，将启动绕组接通，电机启动。当电机转速达到额定转速的 75%～80%时，电流下降，线圈失磁，衔铁因自重而落下，断开启动绕组，压缩机运转，绕组正常工作。

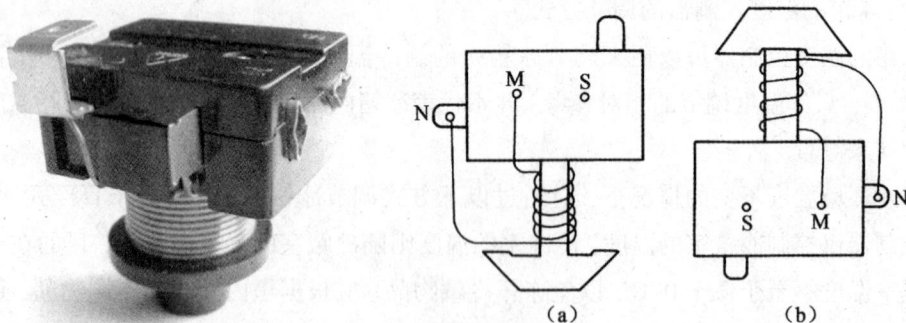

图 1-11　重锤式启动器外形

（2）PTC 启动器。

PTC 启动器在常温下电阻值较小，只有 15～40 Ω。当接通电源时，启动绕组和运转绕组同时接通，压缩机启动工作。同时由于启动电流极大，使 PTC 元件的温度迅速上升，电阻值急剧增大到原来的几千倍，电流急剧减小，几乎无电流从启动绕组中流过，可视为开路。而运转绕组继续运行，PTC 元件中有极小电流维持高阻状态，完成启动过程。PTC 启动器外形如图 1-12 所示。

PTC 启动器具有无运动部件、无噪声、无触点、无火花、无干扰、体积小、重量轻、可靠性高、寿命长、对电压波动适应性强等特点。它的启动特性取决于其自身的温度变化，因此再次启动需要间隔 5 min 以上。

4. 过载保护器

过载保护器是用来防止压缩机过载和过热烧毁电机而设置的。压缩机一般采用碟形保护器。

过载保护器是过电流和过热保护器的统称，是压缩机电机的安全保护装置。当压缩机负荷过大或发生某些

图 1-12　PTC 启动器外形

故障，或电源电压过低、过高而不能正常启动时，都会引起电机电流增大。如果电流超出允许范围，过电流保护器电热丝升温，烧烤碟形双金属片，使它反方向变体，触点离开，从而断开电源，保护电机不致烧毁。当制冷系统发生制冷剂泄漏时，压缩机不能停车，这时电机的电流要比正常运行时低（过电流保护不起作用），但由于回气冷却作用减弱，再加上连续运行，电机温度反而增高。当电机温度超过允许范围，过载保护器即切断电源，使电机绕组不致烧毁。

5. 启动电容器

启动电容器一般和启动继电器并联，它可以利用分相原理使电冰箱具备瞬间启动功能。由于电冰箱所用压缩机种类繁多，而且同一电冰箱选用压缩机型号也不尽相同，所以更换压缩机时应尽量更换相同型号的。另外，不同压缩机间的附件匹配也不尽相同，因此一定要按照技术要求来配套使用，购买备件时也应注明其具体型号。

6. 照明开关

电冰箱照明开关如图1-13所示。

（1）正常情况下，打开电冰箱箱门后门开关就会跳起，电冰箱中的照明灯便点亮。

（2）门开关被按下后，电冰箱内的照明灯便随之熄灭。

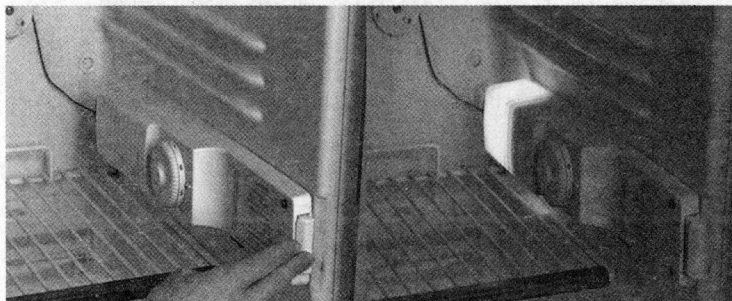

图1-13 电冰箱照明开关

7. 自动化霜部件

无霜电冰箱采用全自动化霜控制方式，所以看不到结霜。在自动化霜电路中，有化霜加热器、化霜超热保护熔断器、化霜定时器及化霜温控器等。

（1）化霜加热器和超热保护熔断器。

间冷式电冰箱的化霜加热器多采用电加热方式，有金属管和石英玻璃管两种封装形式。

（2）化霜定时器。

化霜定时器是自动化霜电路的核心控制部件，它由同步电机和减速齿轮控制的电触点构成。压缩机连续运转8~12 h后跳到融霜状态。

化霜定时器如图1-14所示。

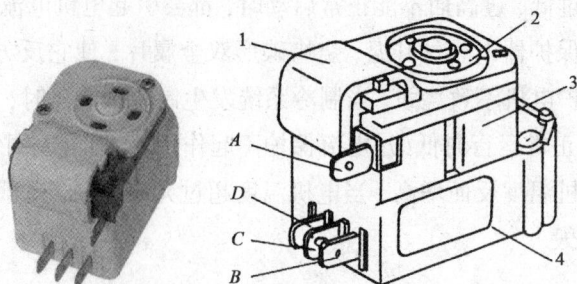

图 1-14 化霜定时器

1—定子绕组；2—定子；3—齿轮箱；4—开关箱；5—端子；

A—给定时马达供电；B—化霜点(加热器)；C—公共点(温控器)；D—制冷点(压缩机)

判断化霜定时器好坏的方法：先用万用表欧姆挡的 R×1K 挡测电机的阻值，若为 7055 Ω左右，则正常；然后再用 R×1 挡，测其 CD 接头是否接通，若接通(时间继电器处在制冷期)，则 CB 之间不应接通；再将手控钮轴顺时针旋转到出现"嗒"的一声时停止扭动，在扭动时不应用力过大，此时在此位置上用万用表测 CD 接头是否接通，若 CD 接头不接通，则 CB 之间应接通(时间继电器处在化霜期)；再旋转很小一个角度时，又会出现"嗒"的一声，时间继电器又恢复到制冷工况，即 CD 接通、CB 断开。

(3)化霜温控器。

化霜温控器为热双金属片温度控制元件，其触点断开温度为 13 ℃左右，闭合温度为 −5 ℃。

二、家用电冰箱的典型控制电路

1. 双门直冷式电冰箱电路

双门直冷式电冰箱电路与单门直冷式电冰箱电路大致相同，如图 1-15 所示。

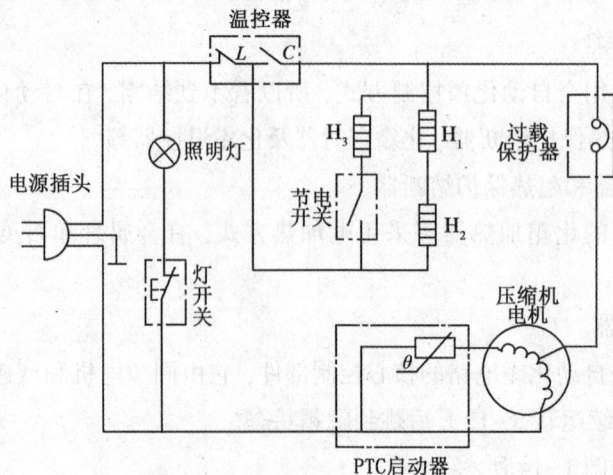

图 1-15 双门直冷式电冰箱电路

（1）控制电路的特点。

控制电路的特点：一是使用了定温复位型温控器；二是设置了化霜和温度补偿电路。

（2）化霜和温度补偿电路。

H_1是管道加热器，装在冷冻室蒸发器和冷藏室蒸发器连接处，其目的是防止管道冷冻。H_2是化霜加热器，装在冷藏室的蒸发器上，给蒸发器除霜。H_3是温度补偿加热器，也装在冷藏室的蒸发器上，其目的是在冬季室外温度始终低于室内温度时打开温度补偿开关对冷藏室进行加热，它产生的热量对冷藏室的温度进行补偿，从而使得在冬季温控器的触点能够顺利闭合，而在夏季则要断开此开关。

（3）化霜和温度补偿电路工作原理。

化霜和温度补偿电路与温控器的 $L-C$ 段并联，当压缩机工作时，该电路相当于短路而不起任何作用。当温度控制器断开时，温控器一方面切断了压缩机交流 220 V 供电，另一方面解除了对化霜和温度补偿电路的短路作用，H_1，H_2，H_3得电发热起温度补偿和化霜作用，而很小的电流对压缩机不起作用，所以压缩机不工作。

2. 间冷式电冰箱电路

（1）控制电路组成。

间冷式电冰箱的控制电路增加了冷风循环电路（风扇控制）和全自动除霜电路（融霜加热器、融霜定时器及温度控制、限温熔断器等）。间冷式冰箱电路如图1-16所示。

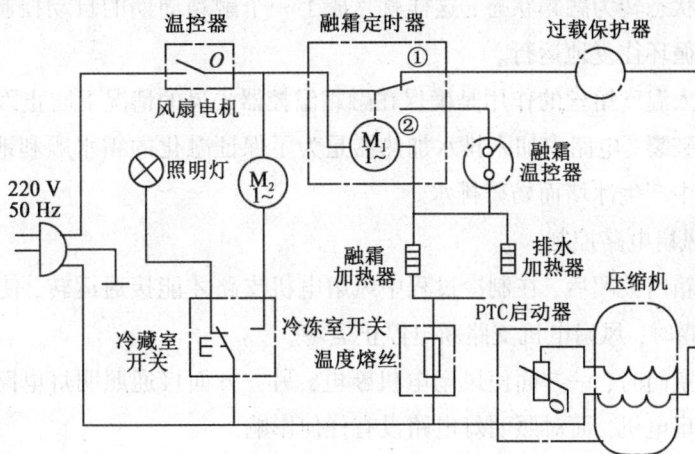

图1-16 间冷式电冰箱电路

启动与保护电路：主要包括压缩机、PTC启动器、过载保护器。

温度控制电路：由温控器组成的对冷冻室进行控制的电路。

全自动融霜控制电路：由融霜定时器、融霜加热器和温度熔丝组成。

加热防冻电路：由排水加热器构成。

通风照明电路：由风扇电机、照明灯和两个门开关组成。

（2）制冷与化霜控制。

电冰箱由融霜定时器来控制制冷或融霜。当冰箱内的温度高于设定温度时，温控器的触点开关闭合，融霜定时器的①触点接通，因此压缩机与保护电路电源接通，压缩机开始运转，电冰箱开始制冷；同时融霜定时器的定时电机 M_1、融霜加热器、排水加热器和温度熔丝也接入电源，定时电机 M_1 与压缩机同步运行，同时记录压缩机运行的时间。但是由于定时电机 M_1 的内阻（约为 8000 Ω）远远大于融霜加热器和排水加热器的并联电阻（约为 310 Ω），这样就使得系统在制冷时加在两个加热器上的电压很小（约为 8 V），基本上不加热。在制冷的同时风扇电机转动，强制冷风在冰箱内循环。

当制冷时间达到融霜定时器的预定时间（一般为 8~12 h）时，融霜定时器中的定时电机 M_1 开始转动，带动其内部的凸轮转动，使融霜定时器的开关触点由①接通变为②接通，压缩机和风扇电机停止运行，此时系统由制冷状态转为融霜状态。由于融霜温控器阻值很小，定时电机 M_1 为短路状态而停止计时，此时融霜加热器和排水加热器通电加热，开始对蒸发器翅片表面进行融霜。

随着融霜的进行，蒸发器表面的温度因加热而升高。待融霜完毕时蒸发器表面的温度正好可使融霜温控器的触点断开，从而切断电路而中止融霜，此时定时电机 M_1 又重新接入电路而开始计时，约在 2 min 内带动其内部的凸轮转动，使融霜定时器的开关触点由②接通变为①接通，使系统由融霜状态转为制冷状态。当蒸发器表面的温度降到-5 ℃左右时，融霜温控器的触点闭合，为下一次融霜做好准备。当定时电机 M_1 计时到达后，系统又由制冷状态转为融霜状态，这样就完成了一个融霜周期的自动控制。该控制电路就是这样一直循环往复地运行。

电路中接入温度熔丝的作用是确保在融霜温控器失灵的情况下防止因加热器过热而使蒸发器盘管破裂。电路中加入排水加热器是为了保证融化的霜水顺利地流出冰箱，防止其在排水管中产生冰堵而妨碍排水。

（3）照明风扇电路控制。

当冰箱的箱门关闭后，在制冷过程中风扇电机支路才能接通运转，使箱内冷气开始强制对流。融霜时，风扇电机支路断电停止运转。

打开冷藏室门时，一方面使风扇电机断电，另一方面接通照明灯电路；打开冷冻室门时只关闭风扇电机，而对照明灯电路没有任何影响。

该电路采用 PTC 启动继电器，故系统在制冷过程中的断电应在 5 mm 后才可重新启动，这样可以防止压缩机的电机产生过电流而被烧毁。

3. 电冰箱控制电路实物连接图

电冰箱控制电路实物连接图如图 1-17 所示。

颜色一览表

BK	黑色
WT	白色
LG	浅绿色
RD	红色
BU	蓝色
PL	深红色
YG	黄绿色
OR	橙色
GY	灰色
SB	天蓝色
BW	棕色
LB	浅蓝色

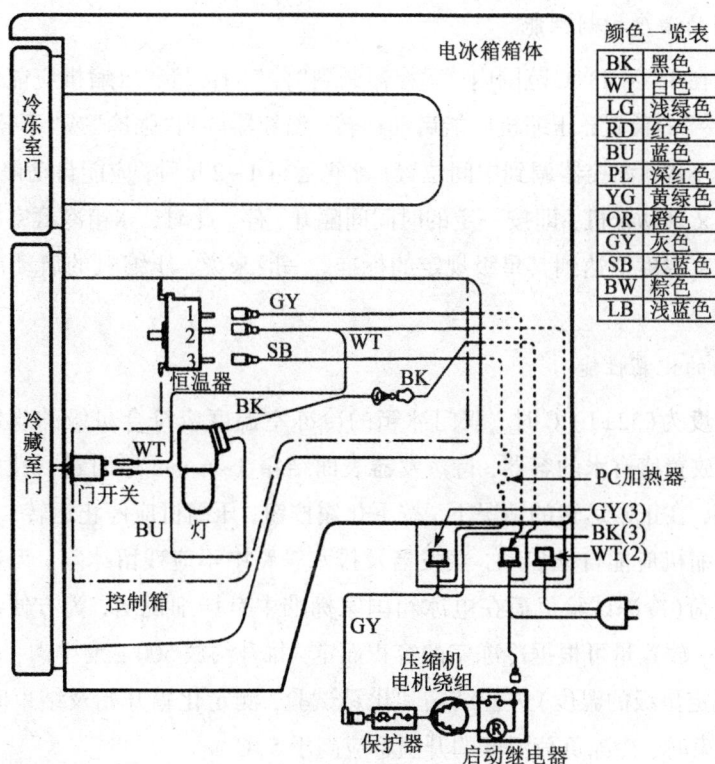

图1-17 电冰箱控制电路实物连接图

三、电冰箱性能检测

电冰箱性能检测包括制冷性能检测和安全性能检测。检测环境应在电冰箱工作允许的范围内：温度符合气候条件类型；相对湿度为45%~75%；空气速度不大于0.25 m/s；冷凝器距墙大于100 mm。

1. 电冰箱的启动性能

一台完好的电冰箱，当压缩机的电源接通时应能启动。一般电冰箱的供电电压要求在180~240 V，在环境温度为32 ℃的情况下，人为的开、停机3次，每次运行3 min，停机3 min，均应能顺利启动。

压缩机每次启动时间不应超过2 s，其工作电流在额定值之内。

2. 电冰箱的制冷效果

电冰箱运转5 min后，压缩机和冷凝器应发热，吸气管发凉。当压缩机连续运行1~2 h后，压缩机外壳温度最高不超过80 ℃。用手触摸外壳时，夏季应感到烫手，冬季较热。在电冰箱运转的情况下，若把耳朵靠近蒸发器，应能听到轻微的气流或水流似的声音。

电冰箱运转30 min后，打开箱门观察，会发现蒸发器结有均匀的薄霜；用手指蘸水触摸蒸发器四周，手指应有被粘住的感觉。这说明电冰箱制冷性能良好。

3. 电冰箱的温度控制性能

环境温度在 15 ~ 43 ℃范围内,温控器调到"停"的位置,压缩机应能停止运转。温控器调到"弱冷"的位置,压缩机应能启动运转。温控器调到"强冷"或"不停"的位置,压缩机应能运转不停。温控器调到中间位置,冰箱运行 1~2 h 后,应能自动停机,并在停机一段时间后,又自动开机,即按一定的时间间隔开、停。此时,冰箱冷藏室的温度应不高于 5 ℃,冷冻室温度应达到其星级规定的标准。一般来说,压缩机的启动次数每小时不应多于 6~9 次。

4. 电冰箱的化霜性能

在环境温度为(32±1)℃时,双门冰箱的冷冻室温度应符合星级的规定。运行稳定后,在冷藏室放置盛有水的容器,待蒸发器表面结霜 3~6 mm 厚时进行化霜。对于半自动化霜电冰箱,在正常运转的情况下,按下化霜按钮,压缩机应停止运转,开始化霜;化霜结束后,压缩机应能自动启动,蒸发器及排水管路中不应残留冰霜。无霜电冰箱应加入冷冻试验负荷(冷冻试验负荷在电冰箱国家标准中有详细说明,为方便起见,一般都用瘦牛肉代替;放置量可根据冷冻室的容积而定,每升约放 500 g 瘦牛肉;放入前应将瘦牛肉冷却到规定星级的温度)进行结霜和化霜试验,测定化霜开始及结束时的冷冻负荷温度;化霜结束时,冷冻负荷温度的升温不应高于 5 ℃。

5. 电冰箱的运行噪声

压缩机运转的时候,电冰箱会微微颤动,并有运行噪声。压缩机的噪声不应高于 45 dB,在安静的环境中,可以听到压缩机轻微的"嗡嗡"声。人在离冰箱 1 m 处应不能听到压缩机的运行声音,手摸电冰箱箱体不能有明显的振动。

6. 电冰箱的降温速度

在环境温度为(32±1)℃时,待箱内、外温度大致平衡后关上箱门(箱内不放食品)。压缩机连续运转,冷藏室的风门温控器调定在最大位置。当冷藏室温度降到 10 ℃、冷冻室温度降到-5 ℃时,所用时间不应超过 2 h。

7. 电冰箱的照明灯

打开冷藏室箱门时,箱内照明灯应点亮;当箱门关闭时,箱内照明灯应熄灭。

8. 电冰箱的箱门紧闭状况

箱门磁性门条要有一定的磁力,开箱门时要施加一定的拉力才能拉开箱门;关箱门时,箱门靠近箱门框就会因磁性条的吸力而自动关闭。箱门关好后,应没有明显的缝隙。用一片宽 50 mm、厚 0.08 mm、长 200 mm 的纸条垂直插入门封任何一处,其不应自由滑落。门封四角的缝隙宽度不大于 0.5 mm,缝隙长度不超过 12 mm。

四、电冰箱电子、电脑控制及其他新技术

1. 电子电路控制的电冰箱

电子电路控制电冰箱的控制电路由电子元器件组成，由电子电路代替已有的热继电器和启动方式，能使主机绕组不致烧毁和整个冰箱无触点化。

为使冰箱工作在极宽电压范围内，电子电路控制电冰箱设有节能稳压电源。在室温为 0~10 ℃时，其能使冷藏室变为冷冻室，从而充分发挥冰箱的作用。它同时具有双室双温、分别可调、速冻漏电保护、温显、节能运行等功能。其线路中设有两个基准电平和多个压差放大器，使得造价大为下降，可靠性高。

2. 微电脑电冰箱

微电脑电冰箱是通过温度传感器和微电脑控制来实现冰箱各个间室温度的自动控制，使冰箱内的温度达到用户设定的温度范围。它运转更安全，更合理，更节能。

微电脑电冰箱所具有的独特功能如下。

(1) 可分别显示冷藏室和冷冻室温度。

(2) 快速冷冻。它能使压缩机连续运转 2 h 后，自动恢复正常运转，并能中途停止速冻，同时有指示灯作相应的指示。

(3) 自动融霜。它采用检测霜层厚度的融霜方法，可以实现全自动融霜。

(4) 开门时限报警。当电冰箱任一门的开门时间超过 2~3 min 时，则发出蜂鸣报警。

(5) 过欠压保护。当电源电压过高或过低时，指示灯亮，压缩机停转。

(6) 延时保护。无论压缩机在什么情况下停机，电冰箱需经 3 min 后才能再次启动运转。

3. 模糊技术控制电冰箱

(1) 模糊与模糊控制。

模糊控制是利用模糊数学的基本思想和理论的控制方法。它实质上是一种非线性控制，从属于智能控制的范畴。它的一大特点是既有系统化的理论，又有大量的实际应用背景。近二十多年来，模糊控制不论在理论上还是技术上都有了长足的进步，成为自动控制领域一个非常活跃而又硕果累累的分支。其典型应用涉及生产和生活诸多方面，例如在家用电器设备中有模糊洗衣机、空调、微波炉、吸尘器、电冰箱等。

(2) 模糊控制电冰箱。

模糊控制电冰箱具有温度控制、智能化霜、故障自诊功能，同时还有控制精度高、性能可靠、省电等优点，是电冰箱发展的主要方向。

第二章　房间空调器

现在，房间空调器已广泛应用于家家户户。小型整体式（如窗式和移动式）和分体式空调器统称为房间空调器，是用于向封闭的房间、空间或区域直接提供经过处理的空气的一种空气调节电器。用于制冷的空调器，其制冷能力以制冷量（即单位时间内从封闭的房间、空间或区域内除去的热量）表示，单位为 W（瓦特），运用全封闭式压缩机和风冷式冷凝器。它是分体式空调器中的一类，广泛用于家庭、办公室等场所，因而又把它称为家用空调器。

第一节　房间空调器的基础知识

【知识目标】

(1)掌握房间空调器的分类方法。

(2)掌握房间空调器的规格及型号。

(3)了解房间空调器的箱体结构。

【能力目标】

(1)能正确分辨房间空调器的不同类别及型号。

(2)能正确分辨房间空调器的规格。

(3)能正确说明房间空调器箱体各部件的名称。

【相关知识】

一、房间空调器的分类

空调是空气调节的简称，它是一门工程技术。空气调节器（简称空调器）是一种人为的气候调节装置，它可以对房间进行降温、减湿、加热、加湿、热风、净化等调节，利用它可以调节室内的温度、湿度、气流速度、洁净度等参数指标，从而使人们获得清新而舒适的空气环境。

依据不同的分类标准，可对空调器进行不同的分类。

1. 按照系统的集中程度分类

(1)集中式空调器。

集中式空调器是将空气集中处理后，由风机通过管道分别送到各个房间，一般适用于大型宾馆、购物中心等场所。这种空调器需专人操作，有专门的机房，具有空气处理量大、参数稳定、运行可靠的优点。

(2)局部式空调器。

局部式空调器是将空调器直接或就近装配在所需房间内。其安装简单方便，适合在家庭使用。

(3)混合式空调器。

空调器混合式空调器又称半集中式空调器，为以上两种方式的折中方式。它包括诱导式空调器和风机式空调器两种。诱导式空调器把集中空调系统送来的高速空气通过诱导喷嘴，就地吸入经过二次盘管(加热或冷却)处理后的室内空气，混合后送到房间内；风机式空调器是把类似集中式的机组(集中式制冷、热源和风机)直接安装在空调房间内。

2. 按照空调器的实用功能分类

(1)单冷型空调器。

单冷型空调器又称为冷风型空调器，只能用于夏季室内降温，同时兼有一定的除湿功能。有的空调器还具有单独降湿功能，可在不降低室温的情况下，排除空气中的水分，降低室内的相对湿度。

(2)冷热两用型空调器。

冷热两用型空调器又可分为三种类型，即电热型、热泵型和热泵辅助电热型。其夏季制冷运行时可向室内吹送冷风，而冬天制热运行时可向室内吹送暖风。其制冷运行的情况与单冷型空调器完全一样，而制热运行情况则视空调器的类别而异。电热型空调制热运行时，压缩机停转，电加热器通电制热。由于电加热器与风扇电机设有连锁开关，当电加热器通电制热时风机同时运行，给室内吹送暖风。热泵型空调器制热运行时，通过电磁四通换向阀改变制冷剂的流向，使室内侧换热器作为冷凝器而向室内供热。热泵辅助电热型空调器是在热泵型空调器的基础上，加设了辅助电加热器，这样才能弥补寒冷季节热泵制热量的不足。

3. 按照空调器系统组合分类

(1)整体式空调器。

整体式空调器又称窗式空调器，是一种可以安装在窗口上的小型空调器。在房间空调器产品中，窗式空调器是最早出现的机型，具有结构简单、生产成本较低、价格便宜、安装方便、运行可靠等优点。

但由于窗式空调器的压缩机、风扇与室内不是完全隔离的，因而在室内能明显感觉到噪声。由于一般居室在建筑设计上没有预留空调器位置，因此，窗式空调器安装在窗户上会影响采光。特别是对于比较密集的高楼大厦来说，室内的采光相对较差，若安装窗式空调，就更加影响室内采光，而且还会有碍美观。因此，目前很少使用窗式空调器。

（2）分体式空调器。

分体式空调器将空调器分成室内机组和室外机组，然后用管道和电线将这两部分连接起来。压缩机通常安装于室外机组，因而分体式空调器的噪声比较小。

分体式空调器按照其室内机组安装位置，可分为壁挂式、吊顶式、嵌入式和落地式，如图 2-1 所示。

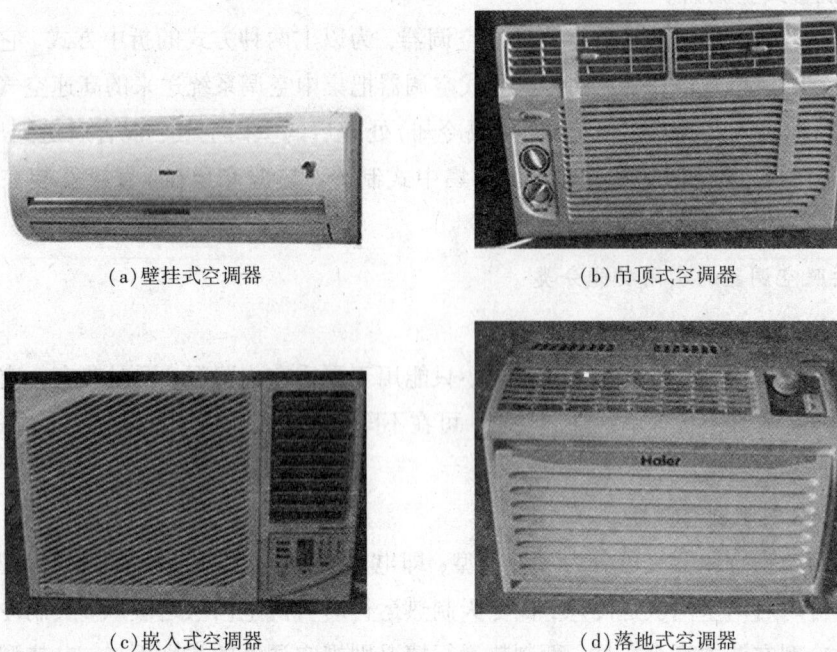

（a）壁挂式空调器 　　　　　　　　　　（b）吊顶式空调器

（c）嵌入式空调器 　　　　　　　　　　（d）落地式空调器

图 2-1　分体式空调器室内机组

①壁挂式分体机。其室内机组的换热器安装在机组内部的上半部分，而离心风机安装在机组内部的下半部分。风从上面进、下面出。壁挂式分体机又可以做成"一拖二"或"一拖三"的形式，即一台室外机组拖动两台或三台室内机组。但壁挂机风压偏低，送风距离短，室内存在送风死角，室温分布不够均匀。

②吊顶式分体机。其室内机组安装在室内天花板下，所以又称吸顶式或悬吊式。它由底下后平面进风、正前面出风（两侧面也可辅助出风），特点是风压高，送风远，但安装、维修比较麻烦。

③嵌入式分体机。其室内机组嵌埋在天花板里，从外观上只看到它的进出风口，因此又称埋入式机组。它通过天花板内的吸排风管把冷气通入相邻房间，可一机多用。嵌入式机组噪声低，送风均匀，但安装、检修都比较费事。

④落地式分体机。其室内机组外形为一台立式或卧式柜，因此又称柜式机组，它通常安装在窗口下的墙边。

分体式空调器的室外机组多为通用型，其外形如图 2-2 所示。

图 2-2　分体式空调器室外机组

二、房间空调器的型号

关于空调器型号的表示方法，我国有统一的标准，国产空调器型号基本格式为"①②③-④⑤⑥⑦⑧"。

①位置上的字母表示产品代号。如果为 K，则表示是家用空调器。

②位置上的字母表示空调的结构形式。空调器按照结构形式分为整体式和分体式，整体式空调器又分为窗式和移动式，代号分别为：C 为窗式，Y 为移动式，F 为分体式。

③表示功能代号(单冷型无此代号)。R 为热泵型，Rd 为热泵辅助电热型，D 为电热型。

④表示额定制冷量，用阿拉伯数字表示。

⑤表示分体式室内机组结构代号：D 为吊顶式，G 为壁挂式，L 为落地式，Q 为嵌入式。

⑥表示分体式空调器室外机代号：W 代表室外机。

⑦表示改进型代号。分为 A，B，C，D，E 等，在字母前面加斜杠以区分。

⑧表示工厂设计序号和特殊功能代号等。允许用汉语拼音大写字母或阿拉伯数字表示，如变频为 BP，遥控为 Y。

例如，"KCD-46(4620)"，其中 K 表示房间空调器，C 表示窗式，D 表示电热型，46 表示制冷量是 4600 瓦。"KFR-25GWE(2551)"，其中 K 表示房间空调器，F 表示分体式，R 表示热泵型，25 表示制冷量是 2500 瓦，G 表示壁挂式，W 表示室外机，E 表示该型号为改进型产品。

市场流行的"匹数"与公司生产机型的对应关系如表 2-1 所列。

表 2-1 "匹数"与公司生产机型的对应关系

匹数/P	制冷量/W	对应机型
0.75	1700~2100	KF-20
1	2100~3000	KF(R)-22, 25, 26, 27, 28
1.5	3000~4000	KF(R)-30, 32, 33, 35, 40
2	4180~5560	KF(R)-45, 46, 50
2.5	5560~6800	KF(R)-60, 61
3	6800~9800	KF(R)-75
4	10000~11500	暂无
5	12000	KF(R)-120

三、房间空调器的箱体结构

空调器的种类不同,其箱体结构也不尽相同。分体式空调器由室内机组、室外机组和连接室内机组与室外机组的管路三部分组成。室内机组主要包括机组外壳、送风百叶、回风格栅、室内热交换器、贯流风扇及电机、摇风机构及微型电机、冷凝水接水盘及排水口、室内机组电气控制件及遥控器等。室外机组有压缩机、轴流风机、冷凝器及室外的管道等部件。分体壁挂式空调器的结构如图 2-3 所示。

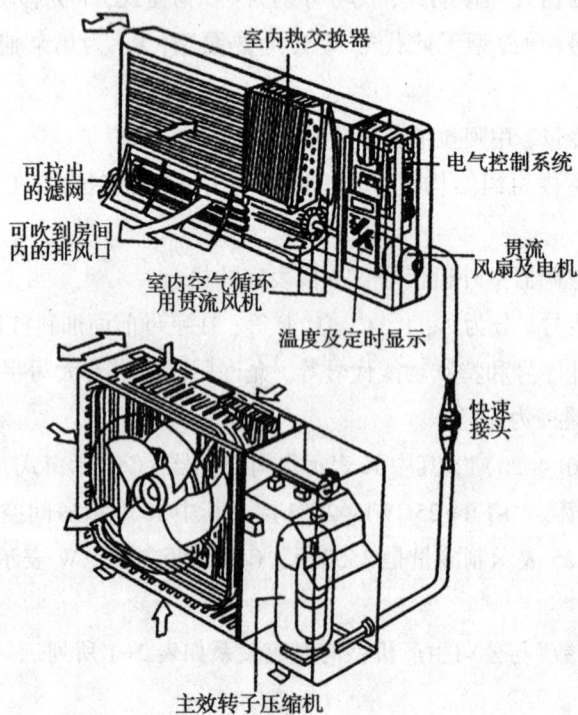

图 2-3 分体壁挂式空调器结构

第二节　房间空调器的制冷系统

【知识目标】

(1)掌握房间空调器制冷系统的组成部件。

(2)了解房间空调器的匹数及房间所需制冷量。

【能力目标】

(1)能正确分辨房间空调器的部件。

(2)能根据房间面积计算所需空调匹数。

【相关知识】

一、房间空调器制冷系统部件

1. 压缩机

空调器所用的压缩机与电冰箱所用的压缩机在原理上基本相同,不同点在于结构参数和工况条件。空调器所用的压缩机属高背压压缩机,而电冰箱所用的压缩机属低背压压缩机。背压是指压缩机的吸气压力,即蒸发器出口的压力,该压力与蒸发温度有关。背压的高低往往按照蒸发温度范围来划分。

压缩机分为开启式、半封闭式和全封闭式三种。由于全封闭式压缩机结构紧凑、体积小、重量轻、噪声低、密封性能好、允许转速高,因此家用空调器几乎都采用这种压缩机。

2. 换热器

换热器是空调器的重要部件。制冷剂在换热器中通过状态的改变来吸收或放出热量,从而实现热量的转移。换热器由铜管、翅片和端板组成,它包括蒸发器(室内换热器)和冷凝器(室外换热器)。

(1)蒸发器。

蒸发器是制冷系统的直接制冷器件,低压液态制冷剂在其内吸热蒸发,从而使周围空气的温度下降。蒸发器按其冷却方式可分为空气自然对流和强制通风对流两种。空调器中的蒸发器,都采用强制通风对流方式,以加快空气与蒸发器之间的热交换。

(2)冷凝器。

冷凝器的作用是将制冷剂在蒸发器和压缩机中吸收的热量传送到室外的空气中。冷凝器有风冷式和水冷式两种。房间空调器制冷量小,通常采用风冷翅片式冷凝器。风冷翅片式冷凝器与蒸发器的结构相同。水冷式比风冷式冷却效果好,大功率空调器都采用水冷式。风冷式冷凝器的换热管内与外界环境空气进行热交换，空气流动阻力比蒸发器小，放热系数则更小，因此翅片面积要比蒸发器面积约大60%，片距可稍小些。

3. 节流器件

节流器件是制冷循环系统中调节制冷剂流量的装置。它可把从冷凝器出来的高压、高温液态制冷剂降压、降温后，再供给蒸发器，从而使蒸发器获得所需要的蒸发温度和蒸发压力。空调器中常用的节流器件是毛细管、膨胀阀和分配器。小型空调器通常使用毛细管，而大、中型空调器一般使用膨胀阀和分配器。

（1）毛细管。

空调器上使用的毛细管与电冰箱上使用的基本一样。毛细管结构简单，运行可靠。当压缩机停机后，高、低压区的压力通过毛细管很快就达到平衡，因此压缩机可使用转矩小的电机轻载启动。但是，毛细管调节制冷剂流量的能力很弱，几乎不能根据房间空调器负荷的变化调节制冷剂的流量，不能有效地调节制冷系统的制冷量。

（2）膨胀阀。

膨胀阀既是制冷系统的节流器件，又是制冷剂流量的调节控制器件。它主要包括热力膨胀阀、热电膨胀阀和电子膨胀阀等。

（3）分配器。

空调器（如分体立柜式空调）中的蒸发器采用热力膨胀阀进行节流时，大多将制冷剂分成多路进入蒸发器中，而要将膨胀阀出来的制冷剂均匀地分配到各条通路内，必须使用分配器。

图2-4所示为分配器结构，它由一个分配本体和一个可装拆的节流喷嘴环组成。节流喷嘴环的出口有一圆锥体，各条流路的液体沿圆锥体分开流出，圆锥的底部有许多均匀分布的孔用于连接蒸发管。制冷剂由入口经节流喷嘴环进入分配体，再经圆锥体分别进入各分路孔，然后进入蒸发器各分路蒸发管中。

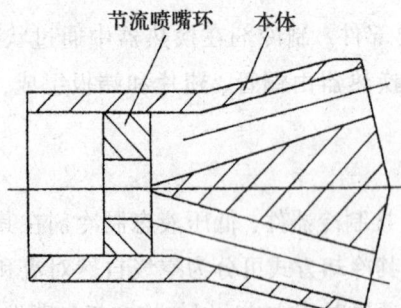

图 2-4　分配器结构

4. 辅助器件

（1）干燥过滤器。

空调器制冷系统中含有微量的空气和水分，再加上制冷剂和冷冻油中含有的少量水分，若其总含水量超过系统的极限含水量，当制冷剂通过毛细管(或热力膨胀阀)节流降压时，制冷剂中含有的水分就可能在毛细管进口(或热力膨胀阀的阀心处)冻结成小冰块，堵塞毛细管(或热力膨胀阀的阀心通道)，空调器制冷系统不能正常工作。另外，空调器制冷系统中还可能含有一些脏物和其他杂质，若不把它们除掉，也可能堵塞毛细管(或膨胀阀的阀心处)。所以，空调器一般都要安装干燥过滤器。

（2）气液分离器。

为了防止液态制冷剂进入压缩机引起液击，制冷量比较大的空调器均应在蒸发器和压缩机之间安装气液分离器。普通气液分离器的结构如图 2-5 所示。从蒸发器出来的制冷剂进入气液分离器后，制冷剂中的液态成分因本身自重而落到筒底，只有气态制冷剂才能由吸入管吸入压缩机。气液分离器筒底的液态制冷剂待吸热汽化后，也可吸入压缩机。这种气液分离器常用于热泵型空调器中，接在压缩机的回气管路上，以防止制冷运行与制热运行切换时，把原冷凝器中的液态制冷剂带入压缩机。

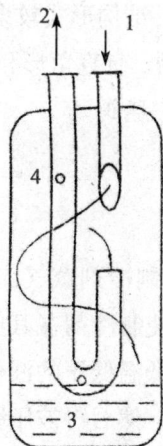

图 2-5 气液分离器
1—进气管；2—出气管；3—微量回油孔；4—压力平衡孔

旋转压缩机的气液分离器与压缩机组装在一起，其结构很简单，即在一个封闭的筒形壳体中有一根从蒸发器来的进气管及一根通到压缩机吸入口的出气管，两管互不相连，筒形壳体内还设有过滤网。这种气液分离器还兼有过滤和消声两种功能。

（3）单向阀。

单向阀的作用是只允许制冷剂沿单一的方向流动。单向阀的阀体外表面往往标有制冷剂流向的箭头。热泵型空调器夏天制冷、冬天制热，其工况差别很大。若仅靠电磁换向阀来切换制冷剂的流向，往往不可靠。为了使热泵型空调器在制冷工况和制热工况下都能安全而有效地运行，常常在制冷管道中增设单向阀。此外，为了防止停机时制冷剂由冷凝器回流进入压缩机而引起液击，分体式单冷型空调器多在靠近压缩机的排气管上安装单向阀。

(4)电磁阀。

电磁阀是利用通电线圈产生的电磁力来接通、切断制冷剂通路或切换制冷剂流向的闸阀，它也可用于旁路，以控制压缩机在正常压力下的启动和运行。电磁阀的形式很多，空调器上常用的电磁阀有电磁四通换向阀、双向电磁阀和专用旁通电磁阀。

①电磁四通换向阀。它又称电磁换向阀，常用在热泵型空调器上，通过改变制冷剂的流向，实现制冷工况和制热工况之间的转换。

②双向电磁阀。它允许制冷剂沿两种不同方向流动，可用于控制压缩机负载的轻重。这里双向电磁阀实际上起旁通阀的作用。

③专用旁通电磁阀。它可以为压缩机减载运行或启动、单独除湿等提供制冷剂的旁通路径。

(5)截止阀。

为了安装和维修方便，在分体式空调器室外机机组的气管和液管的连接口上，各装有一只截止阀，这是一种管路关闭阀，结构形式较多。从配接管路看，有三通式(带旁通孔)和两通式(不带旁通孔)；从外形看，有直角形和星字形(Y形)等。通常，气阀多用三通式，而液阀既可用两通阀，也可用三通阀。

二、制冷循环

1. 制冷工作原理

压缩机从蒸发器吸入低温低压的制冷剂蒸气，压缩成高温高压气体，排入冷凝器，轴流风扇用室外空气来冷却冷凝器，使制冷剂在其中冷凝成高压常温的液体。高压液体制冷剂进入毛细管节流降压后，成为低温低压的液体并进入蒸发器，在蒸发器中吸收室内空气的热量蒸发成低温低压的蒸气，然后再被压缩机吸入，重复上述制冷循环。

2. 制冷剂在系统内流动的具体过程及状态

制冷时，制冷剂在空调器内的循环过程及状态如图2-6所示。

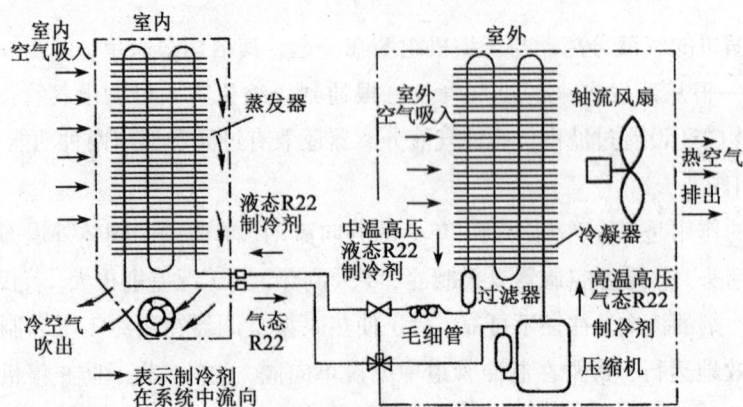

图2-6　制冷剂在空调器内循环过程及状态

（1）从室外进入室内的液态制冷剂 R22 的状态：温度为 7.2 ℃，压力为 5.3×10^5 Pa。这些制冷剂进入蒸发器，并与房间内的空气进行热交换。液态的 R22 由于吸收房间空气中的热量由液体变成气体，其温度、压力均不变化，而房间内空气中的热量由于被带走了，因而温度下降。

（2）在室内被汽化后的液态 R22 的状态：温度为 7.2 ℃，压力为 5.3×10^5 Pa。当其从室内侧进入压缩机时，被压缩成高温（70~90 ℃）和高压 $[(14.7 \sim 19.6) \times 10^5$ Pa$]$ 的气体，然后进入室外冷凝器。

（3）高温高压气体制冷剂在冷凝器中与室外空气进行热交换后，被冷却成中温（54.4 ℃左右）和高压 $[(14.7 \sim 19.6) \times 10^5$ Pa$]$ 的液体，室外空气吸收热量，使温度升高，然后被排到外界环境中去。

（4）当液体从冷凝器出来时，其温度、压力均比较高，不能直接进入室内参与一次循环，必须通过节流元件——毛细管进行节流降压，使温度压力均下降，进入蒸发器蒸发吸热，然后被压缩机吸回并进行下一轮循环。

这时，空气循环系统的室外轴流风机和室内离心风机进行工作。室外轴流风机迫使室外空气经过冷凝器流动，将制冷剂 R22 放出的热量带走，以便制冷运行。而室内离心风机吸入室内空气，经过空气过滤网净化后，再经风机蜗壳，并在蒸发中接受制冷剂传递的冷量，然后吹向室内，如此不断地循环，使室内空气温度均匀地降低。

三、制热循环

1. 制热工作原理

压缩机排出的高温制冷剂蒸气流向室内机蒸发器中放热，蒸发器变为冷凝器，将热量排入室内，然后冷凝成高压常温的制冷剂液体，通过毛细管节流降压，进入室外机机组的冷凝器中蒸发吸热，冷凝器变为蒸发器，以吸收室外空气中的热量，制冷剂蒸发成低温低压的蒸气，被压缩机吸入，重复上述制热循环。

2. 制冷剂在系统内流动的具体过程及状态

当主控开关拨到"制热"挡位置时，电磁四通换向阀通电，换向阀换向，空调器开始制热运行。其流程是：从压缩机出来的高温高压气体排向室内侧蒸发器，使室内温度升高；而 R22 在室内被冷凝成液体，经节流后排向室外冷凝器，通过吸收室外环境的热量，将液体蒸发成气体，再进入压缩机进行下次循环。具体制热原理及冷媒流向如图 2-7 所示。

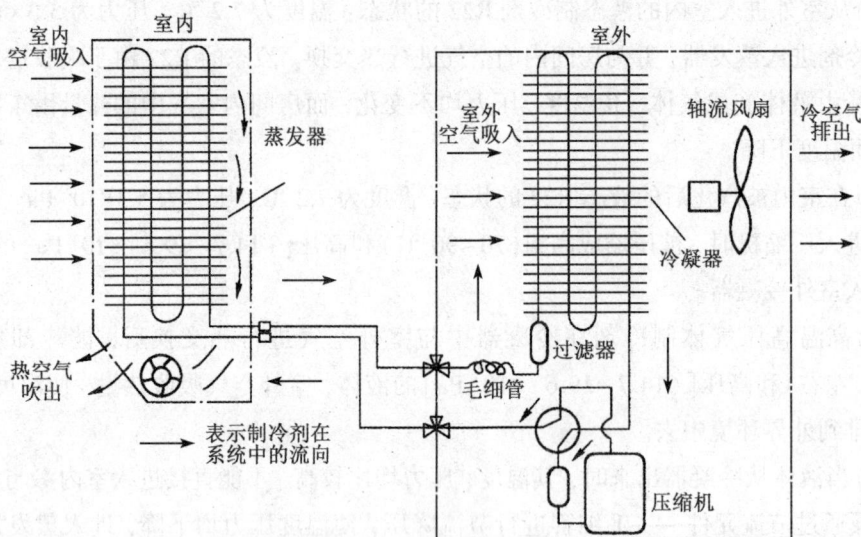

图 2-7　制热原理及冷媒流向

四、空调器的匹数及房间所需制冷量

目前，市场上有关空调器制冷量的标称不统一、不规范。严格来说，空调器输出制冷量的大小应以"W（瓦）"来表示，而市场上常用"匹"来描述空调器制冷量的大小。这二者之间的换算关系为：1 匹的制冷量约为 2000 卡，换算成国际单位"瓦"应乘以 1.162，这样 1 匹制冷量应为 2000×1.162＝2324 W。这里的 W（瓦）表示制冷量，而 1.5 匹的制冷量应为 2000×1.5×1.162＝2486 W。

通常情况下，家庭普通房间每平方米所需的制冷量为 115～145 W，客厅、饭厅每平方米所需的制冷量为 145～175W。比如，某家庭客厅使用面积为 15 m^2，若按照每平方米所需制冷量为 160 W 考虑，则空调制冷量为：160×15＝2400 W。这样，就可根据所需 2400 W 的制冷量对应选购具有 2500 W 制冷量的 KF-25GW 型分体壁挂式空调器。

所谓能效比也称性能系数，即一台空调器的名义制冷量与其耗电功率的比值。通常，空调器的能效比接近 3 或大于 3 为佳，这就属于节能型空调器。

比如，一台空调器的制冷量为 2000 W，额定耗电功率为 640 W；另一台空调器的制冷量为 2500 W，额定耗电功率为 970 W。则两台空调器的能效比值分别为：第一台空调器的能效比为 2000 W/640 W＝3.125；第二台空调器的能效比为 2500 W/970 W＝2.58。这样，通过两台空调器能效比值的比较可以看出，第一台空调器为节能型空调器。

匹数并不是准确的空调的制冷量。平时所说的空调是多少匹，是根据空调消耗功率估算出来的空调的制冷量。一般情况下，1 匹等于 2500 W 的制冷量（也就是 25

机型，即编号中的 KFR-25），1.5 匹约等于 3500 W 的制冷量（也就是 35 机型，即编号中的 KFR-35）。

当制冷量确定后，即可根据自己家庭的实际情况选择合适的空调器。

第三节　房间空调器的控制系统

【知识目标】

（1）掌握房间空调器控制系统的主要部件。

（2）了解房间空调器的典型控制电路。

【能力目标】

（1）能正确分辨房间空调器控制系统的部件。

（2）能正确识读房间空调器的控制电路。

【相关知识】

房间空调器的电气控制系统由电机、继电器、温控器、电容器、熔断器及开关、导线、电子元器件等组成，用以控制、调节空调器的运行状态，保护空调器的安全运行。分体壁挂式空调器的控制线路由室内机组、室外机组控制电路和遥控器电路组成。遥控器发射控制命令，微电脑处理各种信息并发出指令，从而控制室内机组与室外机组的工作。

一、房间空调器控制系统的主要部件

1. 电机

空调器中的压缩机、风扇等部件用电机驱动，小型家用窗式和分体式空调器都用单相异步电机，容量较大的柜式空调器多用三相异步电机，摇风装置和电子膨胀阀多用微型同步电机或步进电机。

（1）压缩机电机。

空调器中的压缩机电机必须具有较大的启动力矩、能适应供电电压的波动、耐高温、耐冲击和振动、耐制冷剂和油的侵蚀等性能。常用的压缩机电机有单相异步电机和异步变频调速电机等。

（2）风扇电机。

空调器的热交换器用风扇送风，以增强热交换效果。根据使用的需要，电机须进行调速。调速方法多采用通过改变电机定子绕组的匝数来改变主绕组上的工作电压，从而达到改变磁通、调节转速的目的。其接法均可设计为高速、中速和低速 3 个转速挡，也可

设计为 2 个转速挡。它们都是因中间绕组与主绕组串接而产生分压作用，使主绕组的电压降低，从而达到降低转速的目的。

（3）其他装置的电机。

电冰箱电机除压缩机电机和风扇电机外，还有化霜定时器里的计时电机。化霜定时器里没有发条，其计时动力就是微型电机，经过齿轮组多级减速后，定时控制触点动作。

2. 启动继电器

启动继电器是单相异步电机启动的专用部件。其依据工作原理可分为电流型启动继电器和电压型启动继电器。

（1）电流型启动继电器。

电流型启动继电器的结构及工作原理如图 2-8 所示。其线圈与压缩机电机的主绕组串联，平时电触头处于常开状态。压缩机刚启动时，启动电流很大，启动继电器线圈会产生足够大的电磁力使衔铁向上动作，动、静触头闭合。随着电机转速的升高，电流下降，线圈对衔铁的电磁力减少，衔铁下落，触头断开，至此即完成了一次启动动作。

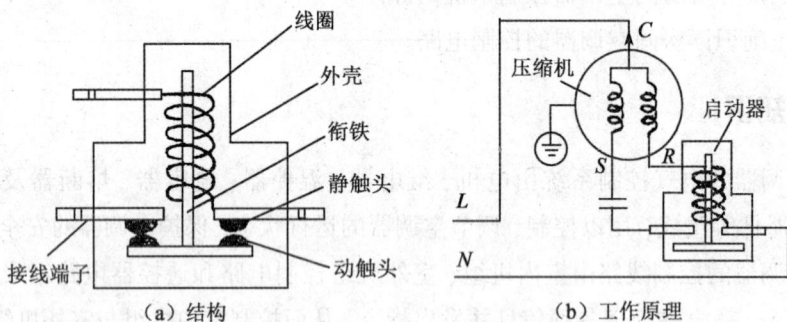

图 2-8　电流型启动继电器

（2）电压型启动继电器。

电压型启动继电器的结构及工作原理如图 2-9 所示。这种启动继电器的线圈与压缩机电机的副绕组并联，常闭触头与启动电容串联。加在启动继电器线圈两端的电压随着电机转速的增加而增加。当电机接近工作转速时，线圈上的电压使线圈具有足够的吸力吸引衔铁，使常闭触头跳开，启动电容从电路中断开。当电机停止转动时，在启动继电器

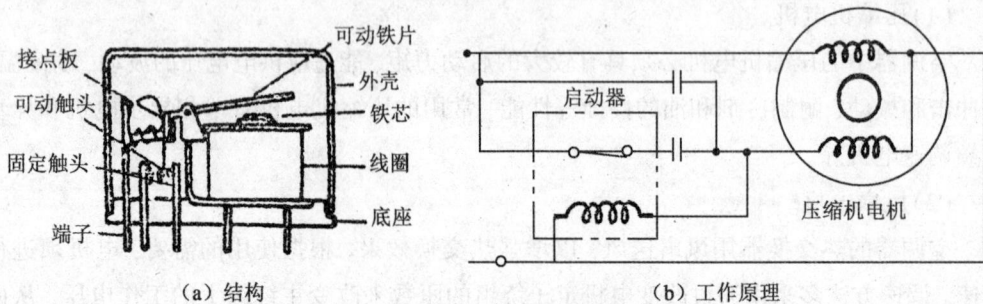

图 2-9　电压型启动继电器

内部弹簧的作用下，常闭触头闭合。

3. 过载保护器

过载保护器可防止电机过载烧坏，一般兼有温度保护和电流保护双重功能，它安装在压缩机的外壳上。当压缩机超负荷运行或空调器工作时的环境温度超过43 ℃时，保护器就自动切断电源，使压缩机停止运转。

4. 主控开关

主控开关也称主令开关或选择开关，通常安装在空调器控制面板上。它是接通压缩机、风扇或电热器的电源开关，也是切换空调器运行状态的选择开关。

5. 温控器

温度控制器，简称温控器。空调器中的温度控制器可对房间的温度进行自动控制，使空调器所在房间的温度保持在某一个范围内。空调器上常用的温控器为电子式温控器。这种温控器通常以具有负温度系数的热敏电阻作为感温元件，并与集成电路配合使用。

6. 化霜控制器

（1）化霜控制器的功能。

普通的制冷型空调器没有化霜控制器。当热泵型空调器在冬季进行制热时，由于室外温度较低，蒸发器表面温度可降至0 ℃以下，蒸发器表面可能结霜，厚霜层会使空气流动受阻，影响空调器的制热能力。除霜的方法一般有两种：①停机除霜，使霜自己融化，这种方式融霜时间较长，在温度较低时不宜使用；②制热除霜，即换向阀改向，使室外侧的蒸发器转为冷凝器。

化霜控制器也是利用温度控制触头动作的一种电开关，它是热泵制热时去除室外热交换器盘管霜层的专用温控器。其化霜方式一般为逆循环热化霜，即通过化霜控制器开关触点的通、断，使电磁换向阀换向。

（2）家用空调器上常用的化霜控制器。

家用空调器上常用的化霜控制器主要有波纹管式化霜控制器、微差压计除霜控制器和电子式化霜控制器。

①波纹管式化霜控制器。其工作原理与波纹管式温控器相同，外形如图2-10所示。此种化霜控制器的感温包贴在蒸发器表面，当感受温度为0 ℃时，将换向阀的线圈电路切断，将空调器改成对室外制热运行。经除霜后，室外蒸发器表面温度逐渐上升，当感温包达到6 ℃时，接通换向阀线圈电路，又恢复对室内的制热循环。在化霜期间，室内风机停转。

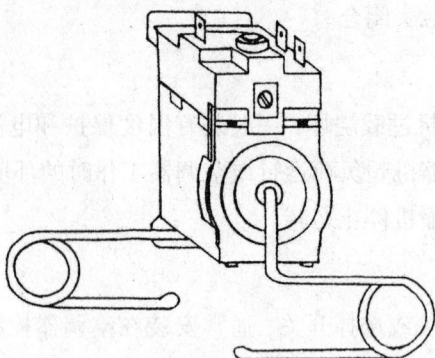

图 2-10　波纹管式化霜控制器外形

　　②微差压计除霜控制器。它利用微差压计感受室外热交换器结霜前后的压差来自行控制。如图 2-11 所示，高压端接在室外热交换器的进风侧，低压端接出风侧。热交换器盘管结霜后，气流阻力增加，前后压差发生变化，从而接通化霜线路，使电磁换向阀换向化霜。这种化霜方式仅与盘管结霜的程度有关，因而化霜性能好。

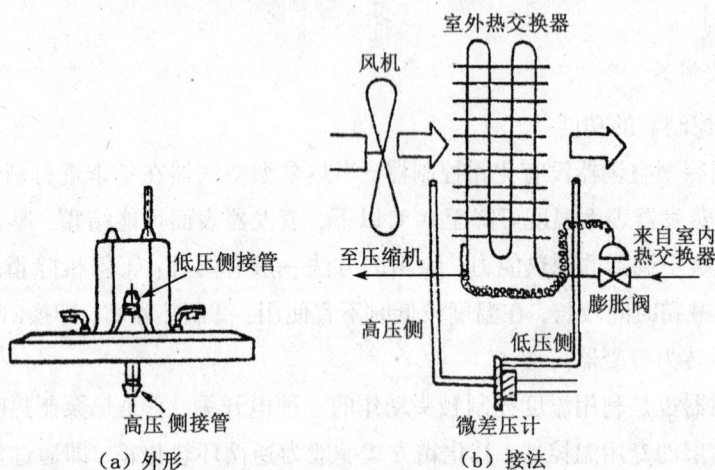

图 2-11　微差压计除霜控制器

　　③电子式化霜控制器。它是通过温度和时间两个参量来控制化霜的。它先通过热敏电阻来感受室外热交换器盘管表面的温度，并以此来控制电磁换向阀的换向；同时，通过集成电路来控制化霜的时间。热泵型空调器还常有辅助电热器，化霜期间可以在集成电路的控制下，启用电热器，并向室内吹送热风。

　　7. 压力控制器

　　压力控制器又称压力继电器，它的作用是监测制冷设备系统中的冷凝高压和蒸发低压（包括油泵的油压）。当压力高于或低于额定值时，压力控制器的电触头切断电源，使压缩机停止工作，起保护和控制作用。

　　压力控制器有高压控制器和低压控制器两种，也有将高、低压控制器组装在一起的。高压控制器安装在压缩机的排气口，以控制压缩机的出口压力；低压控制器安装在压缩机的进气口,以控制压缩机的进口压力。

8. 遥控器

遥控器通常用红外线作载体,发送控制信号。它由遥控信号发射器和遥控信号接收器两个部分组成。

(1)遥控信号发射器。

遥控信号发射器是独立于空调器本机的键控开关盒,故又叫遥控开关。

(2)遥控信号接收器。

遥控信号接收器装在空调器本机面板内,当红外指令信号被接收器的光敏二极管接收后,光敏二极管将光信号转换成电信号。电信号经放大增益、限幅、滤波、检波、整形、解码后,输出给有关电路,执行相应的功能。

二、房间空调器的典型控制电路

分体壁挂式空调器的控制线路由室内机机组控制电路、室外机机组控制电路和遥控器电路组成。遥控器发射控制命令,微电脑处理各种信息并发出指令,控制室内机机组与室外机机组工作。

(1)制冷运行。

制冷运行的温度范围设定为 20~30 ℃,当室内温度高于设定温度时,微电脑发出指令,压缩机继电器吸合,于是压缩机、室外风机运转。制冷运行时室内风机始终运转,且可选择高、中、低任意一挡风速。当室温低于设定温度时,压缩机、室外风机停止运行。

(2)抽湿运行。

抽湿时,室内风机、室外风机和压缩机先同时运转,当室内温度降至设定温度后,室外风机和压缩机停止运转,室内风机继续运转 30 s 后停止,5.5 min 后再同时启动室内、外机组,如此循环进行。

(3)送风运行。

送风运行时,可选择室内机组自动、高、中、低任意一挡风速,但室外风机不工作。

(4)制热运行。

空调器进入制热运行时,可在 14~30 ℃范围内以 1 ℃为单位设定室内温度。当室内温度低于设定温度时,压缩机继电器、四通阀继电器、室外风机继电器吸合,空调器开始制热运行。

(5)自动运行。

进入自动运行工作状态后,室内风机按照自动风速运转,微电脑根据接收到的温度信息自动选择制冷、制热或送风运行。

1. 单冷分体壁挂式空调器的电气控制电路

单冷分体壁挂式空调器的电气控制电路如图 2-12 所示。

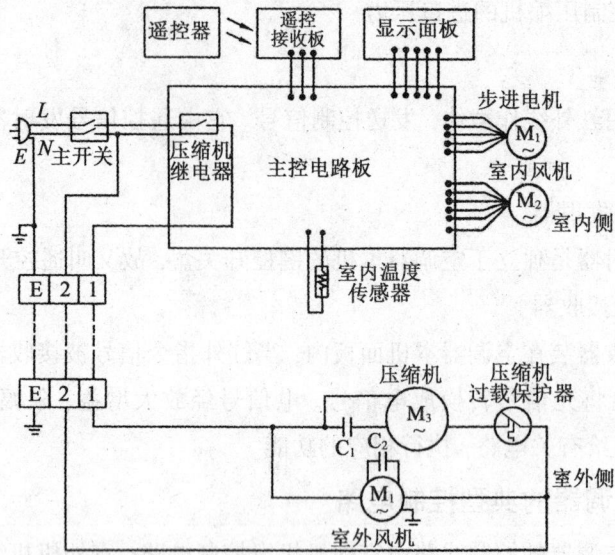

图 2-12　单冷分体壁挂式空调器的电气控制电路

2. 热泵型分体壁挂式空调器的电气控制电路

热泵型分体壁挂式空调器的电气控制电路如图 2-13 所示。

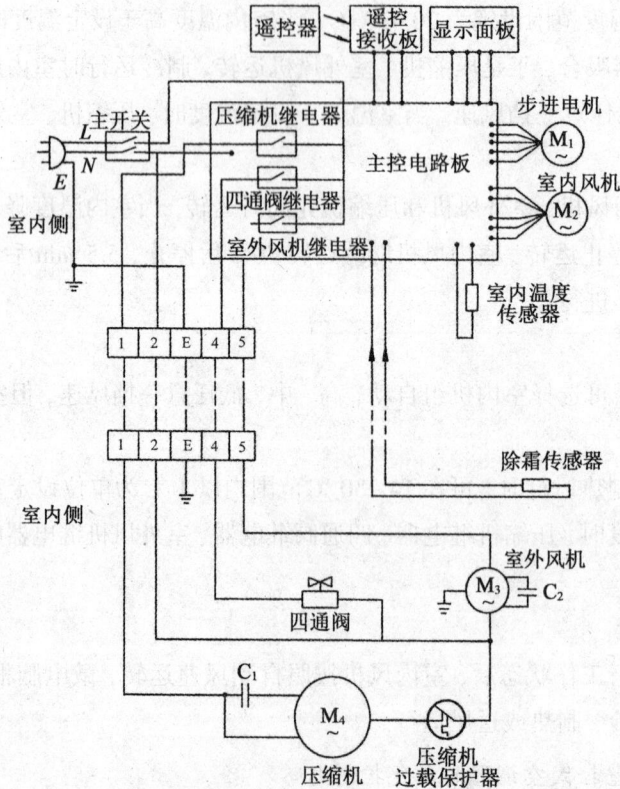

图 2-13　热泵型分体壁挂式空调器的电气控制电路

第四节　房间空调器的空气循环系统

【知识目标】

(1)掌握房间空调器的空气循环系统的主要部件。

(2)了解房间空调器的空气循环系统的工作原理。

【能力目标】

能正确分辨房间空调器的空气循环系统的主要部件。

【相关知识】

一、空气循环系统的组成

在空调器的作用下，房内空气的路径循环为：室内空气由机组面板进风栅的回风口被吸入机内，经过空气过滤器净化后，进入室内热交换器(制冷时为蒸发器，热泵制热时为冷凝器)进行热交换，经冷却或加热后吸入电扇，最后由出风栅的出风口再吹入室内。

空气循环系统的作用是强制对流通风，促使空调器的制冷(制热)空气在房间内流动，以达到房间各处均匀降温(升温)的目的。空气循环系统由空气过滤器、风道、风扇、出风栅和电机等组成。

1. 空气过滤器

空气过滤器是由各种纤维材料制成的细密的滤尘网。室内空气首先通过空气过滤网滤除空气中的尘埃，再进入蒸发器进行热交换。而功能完善的空气过滤器(空气清新器)能滤除 0.01 μm 的烟尘，并有灭除细菌、吸附有害气体等功能。灭菌和高效除尘通常采用高压电场，吸附有害气体通常用活性材料或分子筛等吸附剂。

2. 风道

风道的结构、形状对循环空气的动力性能有很大的影响。轴流风扇的风道由金属薄板加工而成，离心风扇的风道常常由泡沫塑料加工而成，但电热型空调器的风道需用金属薄板。

3. 风扇

分体式空调器及一些立柜式空调器均采用风冷式换热器，它是通过空气的对流与换热器进行热交换。空调器中的风扇主要有离心风扇、贯流风扇和轴流风扇。窗式空调器和立柜式空调器的蒸发器的换热主要采用离心风扇，分体壁挂式空调器主要采用贯流风扇，而空调器冷凝器均采用轴流风扇吹风换热，如图2-14所示。

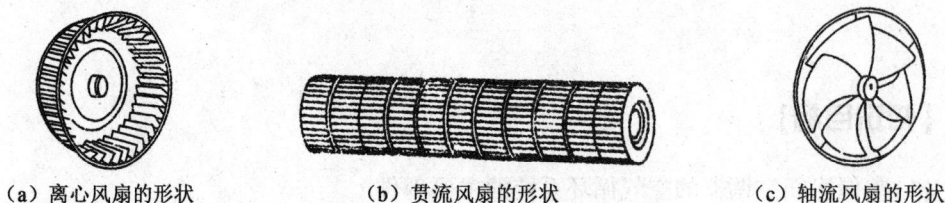

（a）离心风扇的形状　　　　　（b）贯流风扇的形状　　　　　（c）轴流风扇的形状

图2-14　风扇的形状

（1）离心风扇。它是将室内空气吸入蒸发器表面进行降温去湿。它的特点是风量大、噪声小、压头低。叶轮材质主要有ABS塑料、铝合金、镀锌薄钢板。

（2）贯流风扇。它是将室内空气吸入分体壁挂式空调器蒸发器表面进行降温去湿。它由细长的离心叶片（该叶片由ABS塑料或镀锌薄钢板组成）组成，特点是风量大、噪声小、压头低。

（3）轴流风扇。它用来冷却冷凝器。轴流风扇由铝材压制或ABS塑料注塑而成，也有采用镀锌薄钢板制成的。

4. 出风栅

出风栅是由水平（外层）和垂直（内层）的导风叶片组成的出风口，普通空调器用手动方式调节导风叶片的角度，以调节出风方向。高档空调器设有摇风装置，可自动调节出风方向。摇风装置利用微型自启动永磁同步电机带动连杆系统，推动导风叶片来回摆动，从而使出风方向随之摇摆。

二、空气循环系统的工作原理

1. 室内空气循环

离心风机装在蒸发器内侧，构成室内空气循环系统，如图2-15所示。室内空气通过过滤网去尘，然后吸向离心风机，经蒸发器冷却后，再由风机的扇叶将冷气由风道送往室内。离心风机一般由工作叶轮、螺旋形涡壳、轴承座组成，其结构像理发店使用的吹风机。由电机驱动风机叶轮，当叶轮在涡壳中旋转时，叶片之间吸入气体，在离心力的作用下，气体抛向叶轮周围、体积压缩、密度增加，产生静压力；同时加大气流速度，产生动压（提高了动能），使气体由风机口送出。在此情况下，叶轮中心部分形成低压空间，空气不断吸入，形成空气进、出的不断循环。空调器中使用的离心风机，应噪声低，因此应选低转速的，一般为500~600 r/min。往室内送气的出风栅可以调节出风方向，制冷时调至向上倾斜，制热时调至向下倾斜，以利于空气冷沉、热升的自然对流。

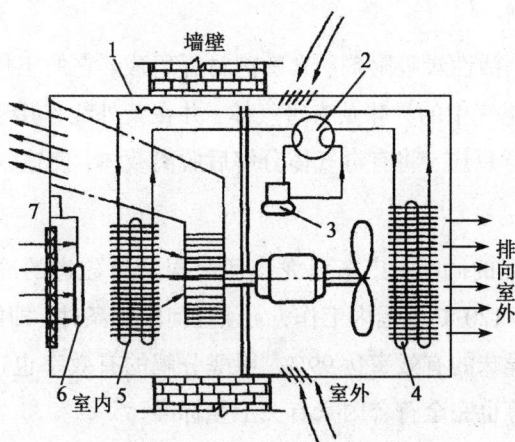

图 2-15　空气循环系统
1—毛细管；2—电磁换向阀；3—压缩机；4—冷凝器；5—蒸发器；6—温控器感温包；7—温控器

2. 室外空气循环

由图 2-15 可知，轴流风机装在冷凝器内侧，构成室外空气循环系统。室外空气从空调器两侧百叶窗吸入，经轴流风机吹向冷凝器，携带冷凝器的热量送出室外。轴流风机由几个扇叶和轮筒组成，其结构像生活中的排风扇。空气轴向流动，噪声小，风量大。由于夏季室外温度较高，进入冷凝器的气温高，因而空调器中大多采用压头低、流量大的轴流风机。

风道由铝制薄板构成，与离心风机连在一起，使风机排出的冷空气通过风道方向排往室内。为了更新室内空气，在风道一端开一扇小门，污浊空气由此排出；为了给轴流风机补风，又在风道的另一侧设进风口，从外界补入新鲜空气。由于进来的是室外新鲜的热空气，排出的是室内混浊的冷空气，所以会损失一些制冷量。

三、新型空气净化技术

现代空调在空气净化技术方面已经有了质的突破，除空气滤网、防霉滤网、活性炭除味等技术外，还采用如下技术。

1. 除臭过滤器

除臭过滤器选用最新化学吸附型净化材料，可有效脱除空气中含有的一氧化碳、二氧化碳、氨气、有机酸等各种异味、臭味，同时具有高效杀菌的功能。其除臭效果是传统活性炭的 100 倍，具有广谱、高效、稳定、安全四大优势。

2. 静电空气滤清器

静电空气滤清器的滤芯是经过特殊静电处理的纤维网，能够有效地将空气中悬浮的尘埃、花粉微粒和非常细小的微尘（直径为 0.01 μm）进行吸附。其锯齿波纹的外形使过滤吸附的表面积增大 50% 以上，效果更为显著。

3. 再生光触媒技术

再生光触媒由纸、活性炭吸附剂、光敏剂材料组成。它的工作原理是利用具有多孔特性的载体物质吸附空气中的异味及有害气体，并在紫外线作用下使吸附的有害气体与空气中的氧气发生化学反应，将有毒气体分解后脱离载体，使这一工作过程得以再生。

4. 冷触媒技术

在光触媒技术发展的同时，广东科龙集团公司又将先进的冷触媒技术应用在空调上。冷触媒材料在 30~120 ℃范围内工作，无须任何附加条件，即能有效分解致癌物质甲醛。其消除房间各种异味的有效率达 99%，甲醛分解的有效率也达 88% 以上，其他性能如抗霉变、抗菌性能等也完全符合国家有关卫生标准。

5. 采用负离子、换新风等技术

有的空调采用了全新的空气负离子发生器，形成携氧负离子，有利于氧气被人体所吸收。此外，有的厂家生产的空调在结构上有换气功能，使室外总有新风进入室内，从而使空气更为清新。

6. 等离子体空气净化技术

以等离子体技术为核心的整体空气净化技术，是目前世界上最先进的一种空气净化技术，它主要由生物抗菌过滤层、等离子体发生层、静电吸附层、电极光触媒层组成。对空气进行渐进式过滤，能彻底清除空气中各种异味和有害物质。

生物抗菌过滤层的作用是吸附空气中的尘埃颗粒及有害病菌。30 min 内能达到有效率为 80% 的除尘效果。等离子体发生器的作用是在 650 V 高压电击下产生第四种物质状态，释放脉冲能量，利用正、负电极改变尘埃粒子结构，击碎有害分子。静电场吸附层的作用是利用不同极性，使带正电的灰尘更容易吸附在带负电的集电极上，这种作用也叫静电吸尘。电极光触媒层的作用是在集电安全网上进行杀菌物质涂刷处理，并利用放电极发出的光能激活周围氧气和水分子，产生氧化性极强的自由离子基，分解各种有害物质。它具有清除香烟粒子、除尘、除各种异味、除各种真菌、除杂质、除各种花粉、除寄生虫等七大作用。

第五节　变频空调器

【知识目标】

（1）掌握变频空调器的变频方式和控制原理。

（2）了解变频空调器的特有元器件。

（3）了解变频空调器的使用和发展。

【能力目标】

（1）能正确分辨变频空调器控制系统零部件。

（2）能正确识读变频空调器的控制系统图。

【相关知识】

一、变频方式和控制原理

变频空调器是新一代家用空调产品。目前大多数的家庭空调器，还是以开关方式控制压缩机的启动和运转，即压缩机要么以固定转速运转，要么停止。这种空调器可以称为传统空调，或定频空调、恒速空调。

而变频空调器采用变频调速技术，它与传统空调器相比，最根本的特点在于它的压缩机转速不是恒定的，而是可以随运行环境的需要而改变，所以空调器的制冷量（或制热量）也会随之变化。为了实现对压缩机转速的调节，变频空调器机组内装有一个变频器，用来改变压缩机和风扇电机的供电频率，以控制它们的转速，达到调节制冷量的目的。所以，能改变输出电源频率的装置称为变频器，装有变频器的空调器称为变频空调器。

目前，在变频式空调器中，变频方式有两种，即交流变频和直流变频。

1. 交流变频

交流变频的原理是把 220 V 交流市电转换为直流电源，为变频器提供工作电压，然后再将直流电压"逆变"成脉动交流电，并把它送到功率模块（晶体管开关等组合）。同时，功率模块受电脑芯片送来的指令控制，输出频率可变的交流电压，使压缩机的转速随电压频率的变化而相应改变，这样就实现了电脑芯片对压缩机转速的控制和调节。

采用交流变频的空调器压缩机要使用三相感应电机，才能通过改变压缩机供电的频率来控制它的转速。交流变频过程原理图如图 2-16 所示。

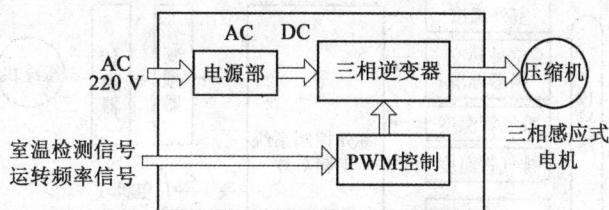

图 2-16 交流变频过程原理图

在变频过程中，为了使制冷或制热能力与负荷相适应，空调器的控制系统将根据从室内机检测到的室温和设定温度的差值，通过电脑芯片运算，产生运转频率指令。这个频率可变的运转指令，通过逆变器产生脉冲状的模拟三相交流电压，加到压缩机的三相感应电机上，使压缩机的转速发生变化，从而控制压缩机的排量，调节空调器制冷量或制热量。

2. 直流变频

直流变频空调器同样是把交流市电转换为直流电源，并送至功率模块；模块同样受电脑芯片指令的控制。所不同的是，模块输出电压可变的直流电源驱动压缩机运行，并控制压缩机排量。

由于压缩机转速受电压高低的控制，所以要采用直流电机。直流电机的定子绕有电磁线圈，采用永久磁铁作转子。当施加在电机上的电压增高时，转速加快；当电压降低时，转速下降。利用这种原理来实现压缩机转速的变化，通常称为直流变频。实际上，正因为这种空调器压缩机是直流供电，并没有电源频率的变化，所以严格地讲不应该称为直流变频空调器，而应该称为直流变速空调器。

由于压缩机使用了直流电机，因此空调器更节电，噪声更小，但这种压缩机的价格要高一些。

3. 变频空调器的控制系统

变频空调器的控制系统采用新型电脑芯片，整个系统电路结构如图 2-17 所示。从图中可以看出，变频空调器的室内机和室外机中，都有独立的电脑芯片控制电路，两个控制电路之间由电源线和信号线连接，完成供电和相互交换信息（即室内机组与室外机机组的通信），控制机组正常工作。

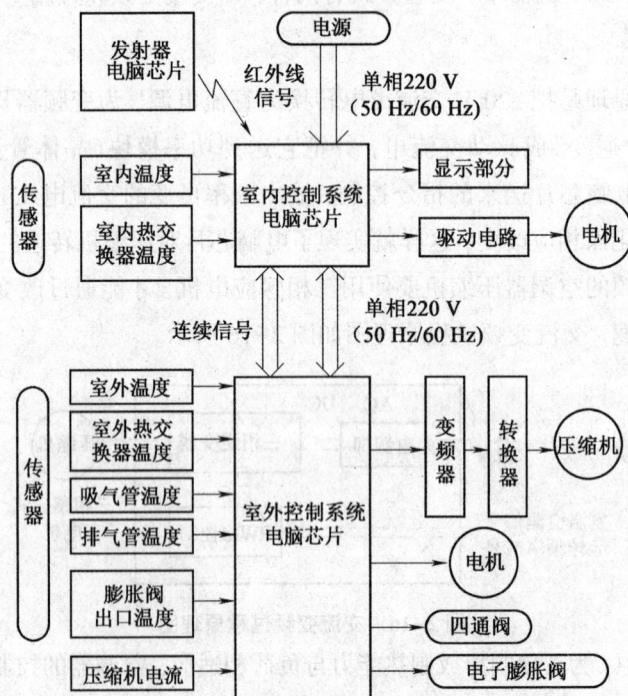

图 2-17　变频空调器控制系统的电路结构

变频空调器工作时，室内机机组电脑芯片接收各路传感元件送来的检测信号：遥控器指定运转状态的控制信号、室内温度传感器信号、蒸发器温度传感器信号（管温信号）、室内风扇电机转速的反馈信号等。电脑芯片接收到上述信号后便发出控制指令，其中包括室内风机转速控制信号、压缩机运转频率的控制信号、显示部分的控制信号（主要用于故障诊断）和控制室外机传送信息用的串行信号等。

同时，室外机内电脑芯片从监控元件得到感应信号：来自室内机的串行信号、电流传感器信号、电子膨胀阀温度检测信号、吸气管温度信号、压缩机壳体温度信号、大气温度传感信号、变频开关散热片温度信号、除霜时冷凝器温度信号等八种信号。室外电脑芯片根据接收到的上述信号，经运算后发出控制指令，其中包括室外风扇机的转速控制信号、压缩机运转的控制信号、四通电磁阀的切换信号、电子膨胀阀制冷剂流量控制信号、各种安全保护监控信号、用于故障诊断的显示信号、控制室内机除霜的串行信号等。

与传统空调器的控制系统相比，可以看出变频空调器的传感器、检测信号项目更多，监控也更全面、更准确。因而变频空调器具有独特的运行方式和众多优点。

二、变频空调器的特有元器件

1. 功率变频模块

变频空调器应使压缩机转速连续可调，并根据室内空调负荷成比例变化。当需要急速降温（或急速升温），室内空调负荷加大时，压缩机转速就加快，空调器制冷量（或制热量）就按比例增加；当房间温度达到设定温度时，压缩机随即处于低速运转，维持室温基本不变。这就向压缩机的供电方式和供电器件提出了新的要求。

目前变频空调器使用最多的是功率晶体管组件，通过 PWM 脉冲控制，实现对压缩机的交流变频供电方式。功率晶体管组件也称功率变频模块，它的外形和电路原理如图 2-18 所示。图中的功率晶体管 PWM 脉冲共同控制各晶体管依次通、断。PWM 脉冲是间隔很小的多个脉冲，它和矩形开关脉冲组合，形成良好的正弦波形，用来推动三相感应电机转动。

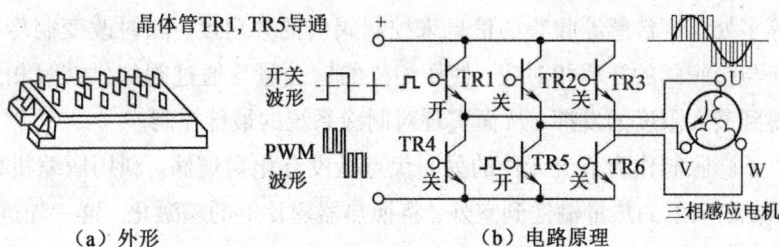

图 2-18　功率晶体管组件的外形和电路原理

功率晶体管组件中有 6 只晶体管，开关脉冲依次控制它们的通、断。切换一次后，电机就转动一周。如果每秒钟切换 90 次，则电机的转速为 90 r/s，也就是 5400 r/min。开关脉冲频率越高，电机转动越快。

2. 变频压缩机

变频空调器中使用的变频压缩机，其转速是随供电频率的变化而变化的，所以压缩机的制冷量或制热量均与供电频率成比例地变化。这样，压缩机可以在较低的转速下、在较小的启动电流下启动，之后依靠连续运转时转速的变化，使其制冷量或制热量发生变化，以便与房间负荷相适应。因此，变频空调器启动后，能很快地达到所要求的房间温度，之后又能使室内温度变化保持在较小的范围内。

变频压缩机和传统空调器的压缩机的结构不同，有专门的生产型号和规格。变频压缩机也采用全封闭结构，设计上能保证在高转速和低转速时都有良好的性能。例如日本三菱公司生产的旋转活塞式压缩机，采用圆环形排气阀，通道面积大、阻力损失小。新型的双气缸压缩机和变频电机结合使用，能发挥更大的效能。在高转速时，能增大润滑油循环供应量，以适合活塞高速运转、摩擦增大的需要，并降低了噪声。压缩机还采用优质材料，以避免长时间高速运动造成的疲劳损耗，同时还要避免低速运转时可能出现的共振现象。变频压缩机的优点如下。

(1)在频率变化时，变频压缩机的制冷量或制热量变化范围大，能很好地适应空调房间因室外气温变化引起的负荷变化的要求。特别是冬季严寒季节，房间温度低、散热量大的情况下，变频压缩机可以高速运转，使空调器产生较大的制热量，维持舒适的供暖室温。此外，变频压缩机启动后高频运转，可以使房间温度很快升高。

(2)在低频率下运转时，变频压缩机的制冷能效和供暖性能系数显著提高。因此，变频压缩机比传统压缩机开关运转方式节省电力消耗，据统计，其节能在30%以上。

3. 电子膨胀阀

空调器制冷循环系统中，常用的节流方式有毛细管节流和电子膨胀阀节流两种。毛细管的结构简单、价格低廉，但缺点是当机组的工作状态发生变化时，适应能力较差。变频压缩机的特点是制冷或制热能力会在较大的范围内变化，所以都采用电子膨胀阀控制流量的方式，使变频压缩机的优点得到充分发挥。

采用电子膨胀阀节流的变频空调器，其室外电脑芯片根据设在膨胀阀进出口、压缩机吸气管等多处温度传感器收集的信息来控制阀门的开启度，随时改变制冷剂流量。压缩机的转速与膨胀阀的开启相对应，使压缩机的输送量与通过阀的供液量相适应，蒸发器的能力得到最大限度的发挥，从而实现对制冷系统的最佳控制。

采用电子膨胀阀作为节流元件的另一优点是没有化霜烦恼。利用压缩机排气的热量先向室内供热，余下的热量输送到室外，将换热器翅片上的霜融化。这一先进的"不停机化霜"技术，已在新型变频空调器中采用。

三、变频空调器的使用

1. 充分发挥省电节能优点

节约电能是变频空调器的突出优点。例如 KFR-28GW/BP 型直流变频空调器一周内每天开机 4 h，每月平均用电约 120 度，而相同功率的普通（定速）空调器，在相同使用条件下每月用电量达 270 度左右。变频空调器节电特点体现在以下几个方面。

（1）变频空调器的压缩机只在短时间内处于高频、高速、满负荷运行状态，而在长时间内处于低频、低转速、轻负载运行状态。在此状态下压缩机的制冷量变得很小，而室内换热器与室外热风热面积并不改变，因此室内、外热交换效率都大大提高。此时空调器制冷（制热）能效比极高，约为 2.8∶3.3。与开机时间长、开停频繁的普通定速空调器相比，节电效果十分显著。

根据测定，在变频空调器启动的最初阶段，压缩机以高出额定功率 16% 的功率高速运转。当室温达到设定温度后，则以只有 50% 的小功率运转，不但能维持室温恒定，而且还节约电能。当室温与设定温度的温差较大时，变频器自动地增大压缩机电源的频率（最大可达 120 Hz），提高压缩机的转速，在极短的时间内使室温达到设定的温度。

（2）传统空调器由交流电网直接供电，其启动电流较大，约为额定电流的 5 倍以上。而变频空调器软启动，压缩机以低速小电流启动，其启动功耗小。变频空调器运行中，没有频繁的启停，更降低了压缩机启动期间的冲击电流。

（3）变频空调器在制冷系统中采用了电子膨胀阀节流，可以配合压缩机随时调节供液量，使空调器始终在高效运行状态下工作，提高了制冷或制热量，达到节电的目的。

变频空调器的这一特点在冬季供暖时更为明显。在供暖刚开始时，压缩机以最高频率运转，急开式电子膨胀阀的开度也随之变大，一般房间室温从 0 ℃ 上升到 18 ℃ 只需 18 min，而传统空调器冬季供暖时得到同样的升温效果却需要 40 min。

（4）变频空调器室内风扇电机采用永磁无刷直流电机、脉冲宽度调制方式，速度分为 7 级，功率由普通空调的 30 W 左右降至 8~15 W。

（5）传统空调器除霜方式运转时要中断 5~10 min 供暖，因此室温受到干扰会降低 6 ℃ 左右，但变频空调器却没有这种缺陷。变频空调器室外换热器采用不间断地运转方式除霜，在室外温度为 0 ℃ 以下时，空调器尚能保持较高的供暖能力。

（6）采用直流变频技术的新型空调器没有逆变环节，比交流变频更省电。它采用无刷直流电机，定子为四极三相结构，转子为四极磁化的永磁体，比交流变频压缩机更省电。

2. 避免长时间高负荷使用

变频空调器在刚开机时，机组通常先以 20~30 Hz 低频速运转状态启动，然后很快从低速运转状态转入高速运转状态，使房间迅速达到设定温度。在随后较长的时间范围内，压缩机处于低运转状态，以维持室温。只有在室温或设定温度发生明显变化时，压缩机再进入高频高速状态工作。由于机组大部分时间在低频低速状态工作，室内温度恒定，所以比较节能。

要尽量避免变频空调器长时间高负荷运行，因此，在空调器选购时就应注意。如 1

匹的变频空调器,只适合不大于 14 m² 的房间使用,同时不要将温度设置过低。注意不要用变频空调器的最大制冷量作为仅限选用的标准,因为变频空调器并不能长期在最大制冷量状态下工作,它的最大制冷量仅限于在特定面积的房间里短时间运行。如果不注意这些使用特点,房间大而制冷量小(如 16~18 m² 房间安装 1 匹的变频空调器)或者在制冷时设置的温度过低,可能使压缩机一直处于高负荷下工作。长时间的高速运转,就不能体现变频调速的优点。

另外,使用变频空调器时应注意,如果每次使用时间较短(如数十分钟),也难以达到理想的节电效果。

3. 尽量设定"自动"挡运行

变频空调器控制系统中,设置了多路环境检测监控功能,有很强的自动调控能力。在使用中,用户应充分利用这一优点,尽量将空调器设定在"自动"挡运行,以得到更完美的使用效果。

4. 利用电网适应能力

变频空调器对电网电压适应性很强。实践证明,变频空调器在供电电压为 160~250 V 时都能可靠地工作,这大大超过了国家标准规定的 198~242 V 市电电压波动范围,更适合在电网供电品质较差的地区使用。这是因为变频空调器没有启动电流对电网的频繁冲击,减少了对电网供电质量的干扰。另外,变频空调器压缩机供电频率是由内部控制电路决定的,与供电电源无关。

变频空调器长时间工作在低于额定值的状态,压缩机的机械损耗减小,又避免了被大电流频繁地冲击,延长了压缩机的使用寿命,可靠性也大为提高。

四、变频空调器的发展

1. 发展

目前,市场上供应的变频式空调器的品种和款式较多,同时还不断有新产品问世。日本各大公司,如日立、松下、三洋、夏普、东芝等空调企业,早在 20 世纪 80 年代初已相继将变频技术应用在家用空调器上;到了 20 世纪 90 年代,其占有量已达 95%以上。另外,变频技术已从交流式向直流式方向发展,控制技术由脉冲宽度调制(PWM)发展为脉冲振幅调制(PAM)。根据空调发展趋势,由于 PWM 控制方式的压缩机转速受到上限转速限制,一般不超过 7000 r/min,而采用 PAM 控制方式的压缩机转速可提高 1.5 倍左右,这大大提高了制冷和低温下的制热能力,所以采用 PAM 控制方式的变频空调器是今后国内外空调器发展的主流。

2. 产品介绍

各种品牌的变频空调器的主要结构与功能大同小异,仅在使用的材质、器件,采用的技术与款式上有所区别。近年来,国产海信牌变频空调器推出一系列新产品,其中的

"工薪空调"更是在市场畅销。海信变频空调器采用双转子式压缩机，平衡性好、噪声低（低速时为 30 dB），工作频率可在 15~150 Hz，压缩机转速可在 850~8500 r/min 连续变化，可高速运转，迅速制冷制热，实现智能变频，制冷制热范围大（制冷 400~3800 W，制热 300~6500 W），能效比可达 2.85：3.5。

第三章　制冷维修基本操作

随着家用电冰箱、家用空调器的使用越来越普遍,制冷维修变得越来越重要。维修人员必须配备专用的维修工具,也必须掌握一定的操作技能,这样才能更好、更快地进行设备的维护。本章主要介绍制冷维修专用工具的名称、结构、特点及使用方法等。

第一节　制冷维修专用工具的基本操作

【知识目标】

(1)掌握制冷系统管道切割工具、扩管器、封口钳、弯管器等工具的结构。
(2)掌握制冷系统管道切割工具、扩管器、封口钳、弯管器等工具的使用方法。

【能力目标】

能正确使用制冷系统管道切割工具、扩管器、封口钳、弯管器等工具。

【相关知识】

一、割管器

割管器也称割刀,是专门切断直径为 4~20 mm 的紫铜管(空调连接管)、铝管等金属管的工具。割刀的实物及构造如图 3-1 所示。

(a)实物　　　　　　　　　　　　　　(b)构造

图 3-1　割刀的实物及构造

1—割轮；2—支撑滚轮；3—调整转柄

割刀的使用方法:将铜管放置在支撑滚轮与割轮之间,铜管的侧壁贴紧两个支撑滚轮的中间位置,割轮的切口与铜管垂直夹紧；然后转动调整转柄,使割刀的切刃切入铜管管壁,随即均匀地将割刀整体环绕铜管旋转;旋转一圈后再拧动调整转柄,使割刃进一步切入铜管,且每次进刀量不宜过多,只需拧进1/4圈即可,然后继续转动割刀;此后边拧边转,直至将铜管切断。

注意:切断后的铜管管口要整齐光滑,适宜涨扩管口。

二、扩管器

扩管器又称胀管器,主要用来制作铜管的喇叭口和圆柱形口(杯形口)。喇叭口形状的管口用于螺纹接头或不适于对插接口时的连接,目的是保证接口部位的密封性和强度。圆柱形口(杯形口)则在两个铜管连接时,一个管插入另一个管管径内时使用。扩管器的结构如图3-2所示。

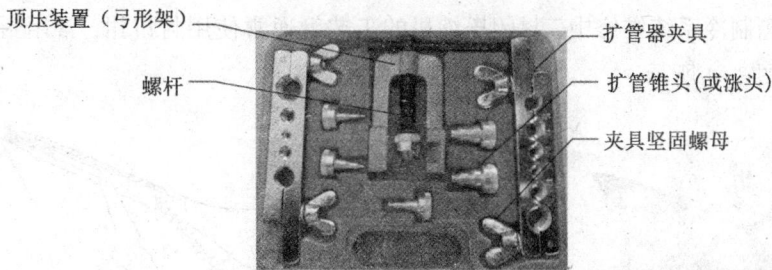

图3-2 扩管器的结构

扩管器的使用方法:扩管时,首先将铜管扩口端退火并用锉刀锉修平整,使管口无毛刺;然后把铜管放置于相应管径的夹具孔中,拧紧夹具上的紧固螺母,将铜管牢牢夹死。具体的扩口操作方法如图3-3所示。

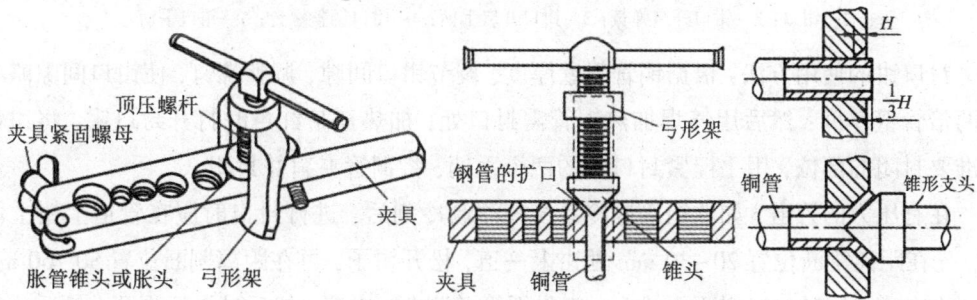

图3-3 扩口操作方法

扩喇叭形口时,管口必须高于扩管器的表面,其高度大约与孔倒角的斜边相同,然后将扩管锥头旋固在螺杆上,连同弓形架一起固定在夹具的两侧。扩管锥头顶住管口后再均匀缓慢地旋紧螺杆,锥头也随之顶进管口内。此时应注意,旋进螺杆时不要过分用力,以免顶裂铜管,一般每旋进3/4圈后再倒旋1/4圈,这样反复进行直至扩制成形。最后扩成的喇叭口要圆正、光滑、没有裂纹、不能过大、不能过小,且喇叭口边沿无毛刺重叠(双眼皮)和喇叭口周边不齐现象。

扩制圆柱形口时,夹具仍必须牢牢地夹紧铜管,否则扩口时铜管容易因后移而变位，造成圆柱形口的深度不够。管口露出夹具表面的高度应略大于涨头的深度。扩管器配套的系列涨头对于不同管径的涨口深度及间隙都已制作成形，一般小于 10 mm 管径的伸入长度为 6~10 mm，间隙为 0.06~0.10 mm。扩管时只需将与管径相应的涨头固定在螺杆上，然后固定好弓形架，缓慢地旋进螺杆。其具体操作方法与扩喇叭口的操作方法相同。

三、倒角器

在切割加工过程中，铜管易产生收口和毛刺现象。倒角器主要用于去除切割加工过程中所产生的毛刺，消除铜管收口现象。

四、封口钳

在电冰箱制冷系统维修中，封闭压缩机的工艺管通常使用封口钳，常用封口钳的实物及结构如图 3-4 所示。

（a）实物 　　　　　　　　　　　　　　　（b）结构

图 3-4　封口钳的实物及结构

1—钳口；2—钳口开启弹簧；3—钳口开启手柄；4—钳口调整螺钉；5—钳口手柄

封口钳的使用方法：根据铜管管壁厚度，调节钳口间隙，调整螺钉，使钳口间隙略小于两倍管壁厚度；然后用气焊加热铜管需封口处，加热至暗红色时打开封口钳，将钳口对准要封闭的部位，用手捏紧封口钳的两个手柄，将铜管夹扁并封闭。

在有压力的管道，如冰箱等制冷系统充注制冷剂后，进行封口时应在管道上钳上两次。先在距离割断位置 20~30 mm 处钳上一道，松开钳子，再在距离割断位置 50~60 mm 处钳上一道。这时封口钳不要松开，应先把管道割断、钳扁，然后试漏后焊死，最后才松开，取下封口钳。如有泄漏是绝不能进行焊接的。

五、弯管器

弯管器是专门弯曲铜管的工具，有多种规格，适合弯制直径小于 20 mm 的金属管，若管子是直径大于 20 mm 的铜管，则应使用弯管机。弯管器的操作方法如图 3-5 所示。弯管时，先将管子放入弯管工具的轮子槽沟内，将槽管沟锁紧，慢慢旋转杆柄直到所需的弯曲角度为止，最后将弯管退出弯管器。

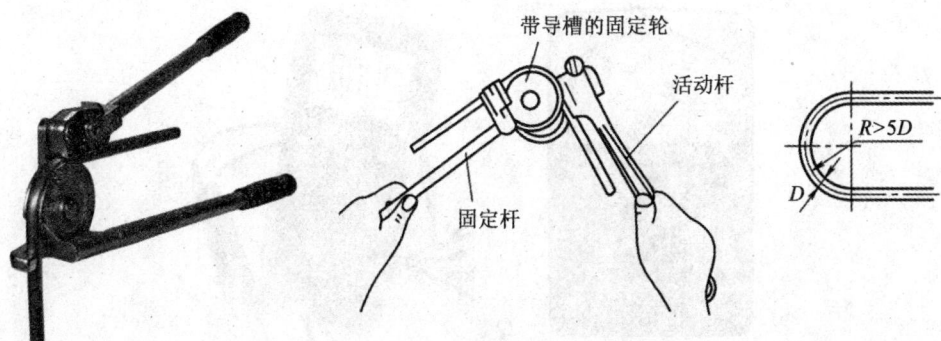

图 3-5 弯管器的操作方法

第二节 制冷维修仪表和设备

【知识目标】

(1)掌握通用仪表的原理及使用方法。

(2)掌握制冷专用仪表和设备的结构及使用方法。

【能力目标】

(1)能正确使用通用仪表,如万用表、钳形电流表及兆欧表等。

(2)能正确使用专用仪表和设备,如电子检漏仪、复式修理阀、真空泵等。

【相关知识】

一、通用仪表

1. 万用表

万用表又叫万用电表或万能表,是一种使用极其广泛的,具有多种用途和多个量程的直读式仪表。它又分为指针式万用表与数字式万用表,如图 3-6 所示。

一般的万用表可以测量直流电流、直流电压、交流电压和电阻等。目前使用比较广泛的是数字式万用表。它具有测量精度高、输入阻抗高、显示直观、读数准确、功能齐全、体积小、携带方便等优点。从显示的灵敏度来讲,数字式万用表又分有四位数字万用表和五位数字万用表。

数字式万用表可测量的电量有:直流电压、直流电流、交流电压、交流电流、电阻、电容、二极管正向压降、三极管直流放大倍数等,有的表还附有交、直流大电流(10 A)测量各一挡,还具有自动调零和显示极性、超量程和电池低电压显示的功能。

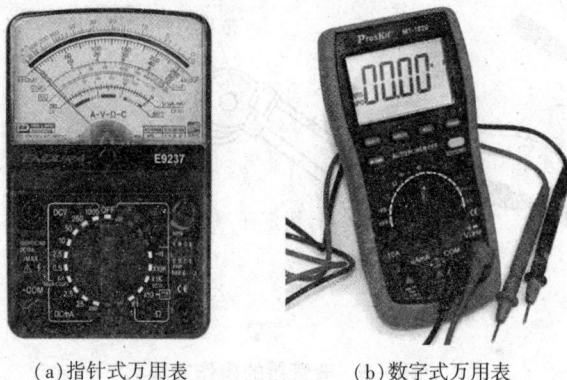

（a）指针式万用表　　　　　　（b）数字式万用表

图 3-6　万用表

2. 钳形电流表

钳形电流表由电流互感器和电流表组成。通常用普通电流表测量电流时，需要将电路切断停机后才能将电流表接入进行测量，这是很麻烦的，有时正常运行的电机不允许这样做。此时，使用钳形电流表就显得方便多了，它可以在不切断电路的情况下测量电流。

钳形电流表的使用方法如下。

（1）正确选择钳型电流表的电压等级，检查其外观绝缘是否良好、有无破损、指针是否摆动灵活、钳口有无锈蚀等。根据电机功率估计额定电流，以选择表的量程。

（2）在使用钳形电流表前应仔细阅读说明书，弄清是交流还是交直流两用钳形表。

（3）由于钳形电流表本身精度较低，在测量小电流时，可采用的方法为：先将被测电路的导线绕几圈，再放进钳形电流表的钳口内进行测量。此时，钳形电流表所指示的电流值并非被测量的实际值，实际电流应当为钳形电流表的读数除以导线缠绕的圈数。

（4）钳型电流表钳口在测量时闭合要紧密，闭合后如有杂音，可打开钳口重钳一次；若杂音仍不能消除，应检查磁路上各接合面是否光洁，有尘污时要擦拭干净。

（5）钳形电流表每次只能测量一相导线的电流，被测导线应置于钳形窗口中央，不可以将多相导线都夹入窗口测量。

（6）被测电路电压不能超过钳形电流表上所标明的数值，否则容易造成接地事故，或者引起触电危险。

（7）测量运行中的笼型异步电机的工作电流时，可根据电流大小检查判断电机工作情况是否正常，以保证电机安全运行，延长使用寿命。

（8）测量时，可以每相测一次，也可以三相测一次，此时表上数字应为零（三相电流相量和为零）；当钳口内有两根相线时，表上显示数值为第三相的电流值。通过测量各相电流可以判断电机是否有过载现象（所测电流超过额定电流值），电机内部或电源（把其他形式的能转换成电能的装置叫作电源）电压是否有问题，即三相电流不平衡是否超过

10%的限度。

使用钳形电流表应注意以下事项。

(1)为使读数准确，钳口的两表面应紧密闭合。

(2)进行电流测量时，被测载流导线的位置应放在钳口中间，以免产生误差。

(3)测量前应先估计一下被测电流的数值范围，选择合适的量程，或先选用较大的量程测量，然后再视电流的大小选择适当的量程。

(4)测量较小的电流时，可将导线在钳形铁芯上绕几圈，这时指针便停留在较大电流的数值上；把测得的电流值除以绕在钳形铁芯上的导线匝数，即该导线的电流值。

3. 兆欧表

兆欧表又叫摇表，是一种简便、常用的测量高电阻的直读式仪表，如图 3-7 所示。

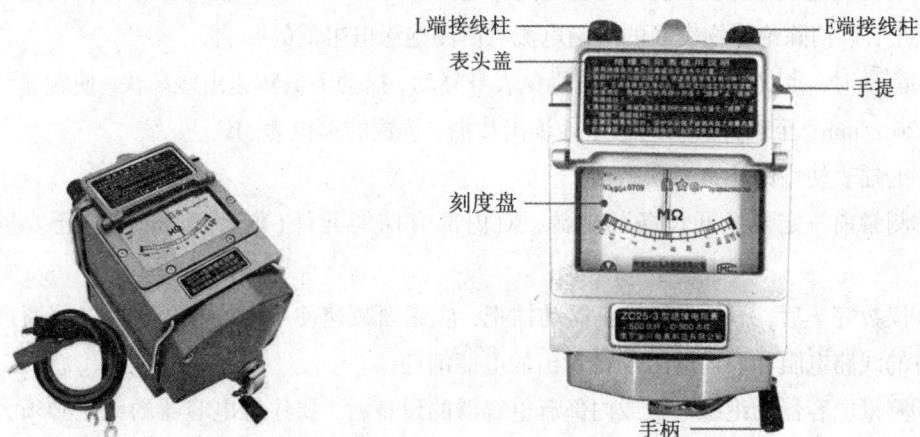

图 3-7　兆欧表

兆欧表一般用来测量电路、电机绕组、电缆、电气设备等的绝缘电阻。如果用万用表来测量设备的绝缘电阻，由于其电池电压最高也只有 22.5 V，那么测得的只是在低电压下的绝缘电阻值，不能真正反映在高电压条件下工作时的绝缘性能。兆欧表多采用手摇直流发电机提供电源，一般有 250，500，1000，2500 V 等几种，工程中最常用到的有 500，1000，2500 V。也有采用晶体管直流变换器代替手摇发电机提供高压电源的，其测量的单位为 MΩ。

(1)摇表的结构与原理。

摇表主要由两部分组成：一部分是手摇直流发电机，另一部分是磁电式流比计测量机构及接线柱(L，E，G)。手摇发电机有离心式调速装置，摇动发电机时使其以恒定的速度转动，保持输出稳定。

(2)摇表的使用方法。

①兆欧表应按照被测电气设备或线路的电压等级选用，一般额定电压在 500 V 以下的设备可选用 500 V 或 1000 V 的兆欧表，若选用过高电压的兆欧表可能会损坏被测设备

的绝缘。高压设备或线路应选用 2500 V 的兆欧表，特殊要求的选用 5000 V 兆欧表。

②在进行测量前要先切断电源，严禁带电测量设备的绝缘电阻。要将设备引出线对地短路放电(对容性设备更应充分放电)，并将被测设备表面擦拭干净，以保障人身安全。测量完毕也应将设备充分放电，放电前切勿用手触及测量部分和兆欧表的接线柱。

③兆欧表的引线必须使用绝缘良好的单根多股软线，两根引线不能绞缠，应分开单独连接，以免影响测量结果。

④测试前，先将兆欧表进行次开路试验和短路试验，检查兆欧表是否良好。若将两连接线(L，E)开路，摇动手柄，指针应指在"∞"处；将两连接线(L，E)短接，缓慢摇动手柄，指针应指在"0"处。这说明兆欧表是良好的，反之则是兆欧表有故障，应检修后再使用。

在电机绕组或导体上，若测电缆的绝缘电阻，还应将"屏蔽"接线柱(G)接到电缆的绝缘层上，以消除绝缘物表面的泄漏电流对所测绝缘电阻值的影响。

⑤测量时，兆欧表应放置平稳，避免表身晃动，摇动手柄转速由慢渐快，使转速约保持在 120 r/min，至表针摆动到稳定处读出数据，读数的单位为 MΩ。

(3) 摇表使用的注意事项。

①测量前一定要断开设备的电源，对内部有储能元件(电容器)的设备还要进行放电。

②读数完毕后，不要立即停止摇动摇把，应逐渐减速使手柄慢慢停转，以便通过被测设备的线路电阻和表内的阻尼将发出的电能消耗掉。

③测量电容器的绝缘电阻或内部有电容器的设备时，要注意电容器的耐压必须大于摇表的电压。读数完毕后，应先取下摇表的红色(L)测试线，再停止摇动摇把，防止已充电的电容器将电流反灌入摇表导致表的损坏。测完后的电容器和内部有电容器的设备要用电阻进行放电。

④禁止在雷电或邻近有带高压导体设备的环境下使用摇表，只有在不带电又不可能受其他电源感应而带电的场合，才能使用摇表。

二、专用仪表和设备

1. 电子卤素检漏仪

电子卤素检漏仪如图 3-8 所示，它是一个精密的检漏仪器，主要用于精检，灵敏度可达每年 14~1000 g，但不能进行定量检测。

图 3-8　电子卤素检漏仪

由于电子卤素检漏仪的灵敏度很高，所以不能在有烟雾污染的环境中使用。作精检漏时，须在空气新鲜的场合进行。电子卤素检漏仪的灵敏度一般是可调的，由粗检到精检分为数挡。在有一定污染的环境中检漏，可选适当的挡位进行。在使用中应严防大

量的制冷剂吸入检漏仪，因为过量的制冷剂会污染电极，会使检测灵敏度降低。

首先打开检漏仪电源开关，再将灵敏度开关调到高挡，检漏仪金属软管探头向被检部位慢慢移动，如遇到有渗漏出来的 R22 气体，仪器发出的"嗒嗒"声将变成连续的啸叫声，同时红色发光二极管也更明亮。在渗漏微小的情况下，移动探头，可以根据检漏仪声音的变化来确定漏点的具体位置。若遇到渗漏较大或周围环境空气中存在 R22 气体时，可将仪表灵敏度开关调到低挡，以排除环境干扰，准确地确定渗漏点的具体位置。

在使用低挡时，发现渗漏时的啸叫声的频率可能比高挡时低些。检测过程中，探头与被测部位之间的距离应保持在 3~5 mm，探头移动速度应低于 50 mm/s。

2. 复式修理阀

复式修理阀是检测制冷系统压力、抽真空、冲灌制冷剂的专用工具，其分为单表修理阀和双表修理阀。

图 3-9　单表修理阀
1—压力表；2—阀开关

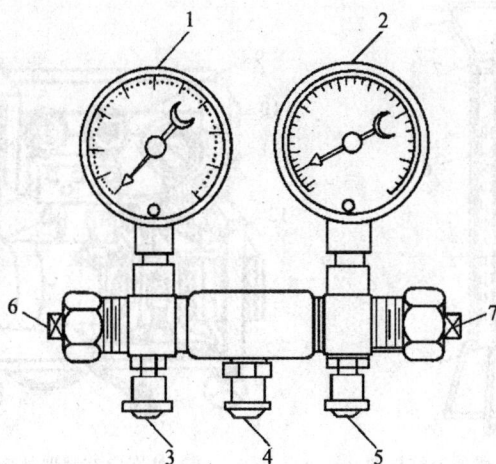

(1)单表修理阀。又称直通阀、二通截阀，是最简单的修理阀，常在检测压力或抽真空填充制冷剂时使用，如图 3-9 所示。

单表修理阀共有三个连接口：与阀门开关平行的连接口，多与三通阀工艺口相接；与阀门开关垂直的两个连接口，一个常固定装有真空压力表，另一个在抽真空时接真空泵的抽气口，充注制冷剂时接制冷剂钢瓶。单表修理阀的结构简单，但使用不太方便。

(2)双表修理阀。由于单表修理阀在使用中受到限制，安装或维修中应用较多的是双表修理阀，如图 3-10 所示。这种阀门上装设的两块表都是真空表，用来监测抽真空时的真空压力(或同时检测高压压力与低压压力)。其中一块压力表主要用于检测抽真空和

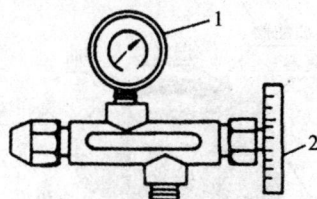

图 3-10　双表修理阀
1—压力表；2—真空表；3—制冷剂钢瓶接口；4—压缩机接口；5—真空泵接口；6，7—阀开关

低压压力，同时还用来监测充注制冷剂时的压力；另一块压力表主要用于检测高压压力。双表修理阀上共有三个连接口，分别与制冷剂钢瓶（中间接口）、空调室外机维修工艺口、真空泵相接，分别打开或关闭两侧的阀门，进行高、低压力检测或抽真空，以及充注制冷剂。这种阀门可使检测压力、抽真空、充注制冷剂连续进行，使用起来比较方便。

3. 真空泵

真空泵主要用于制冷系统抽真空，其外形及连接方式如图3-11所示。

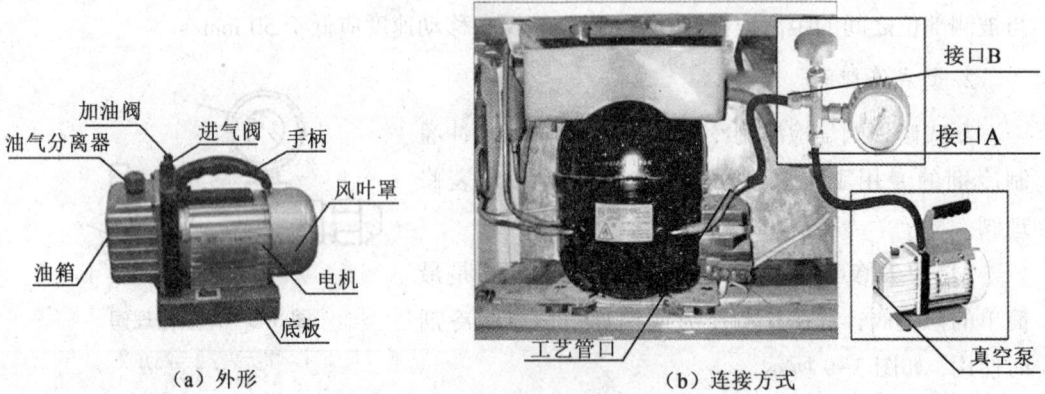

（a）外形 （b）连接方式

图3-11 真空泵外形及连接方式

4. 定量充灌器

定量充灌器又称计量加液器，是制冷系统充注制冷剂时准确控制加液量的专用工具，其外形结构如图3-12（a）所示。在充注制冷剂时，先按照压力表值和制冷剂的种类将对应的刻度线调节至液量观察管的位置，然后通过三通换向阀和加液管向制冷系统充注制冷剂。

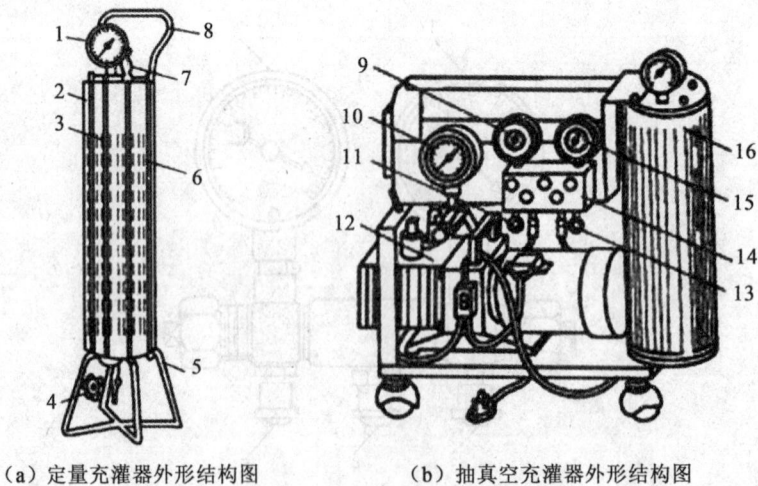

（a）定量充灌器外形结构图 （b）抽真空充灌器外形结构图

图3-12 充灌器外形结构图

1—压力表；2—筒体；3—液量观察管；4—下阀；5—底架；6—刻度转筒；7—上阀；8—提手；9—低压压力表；10—真空表；11，13—接口；12—真空泵；14—组合阀；15—高压压力表；16—定量充灌器

5. 抽真空充灌器

抽真空充灌器是一种检漏、抽真空和充注制冷剂的专用组合设备，其外形结构如图3-12(b)所示。此类充灌主要由真空泵、定量充灌器、高压压力表、低压压力表和组合阀等组成，只要通过连接管就能完成检漏、抽真空和充注制冷剂等工作。

6. 速换接头

速换接头又称快速接头，常在制冷系统检漏、清洗或充注制冷剂时作为连接工具。速换接头的实物及结构如图3-13所示。图3-13(b)显示了利用快速接头将软管连接到压缩机工艺管上的情况。快速接头分凸头和凹头两部分，它们分别接到压缩机和软管上时，都有自封阀针将端口封闭，管道不会有泄漏。凸头和凹头连接后，自封阀针被顶开，软管即与压缩机连通。

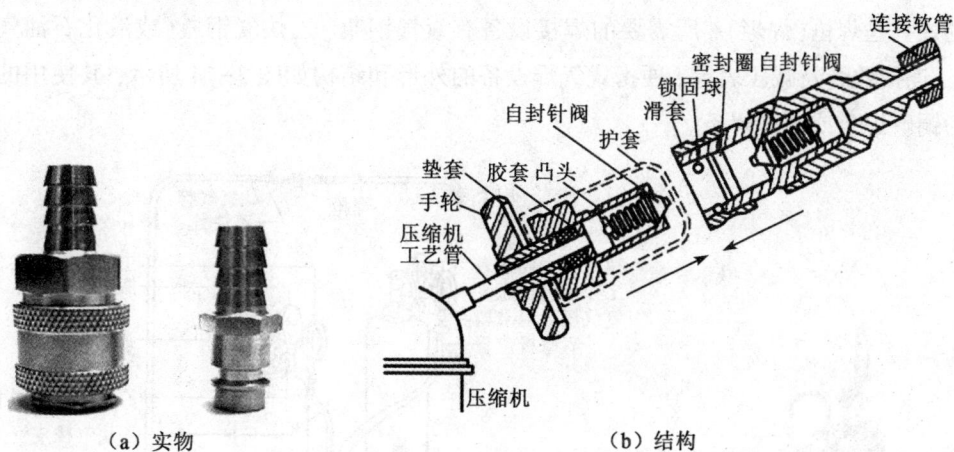

（a）实物　　　　　　　　　（b）结构

图 3-13　速换接头的实物及结构

第三节　制冷系统管路焊接

【知识目标】

(1)掌握制冷系统管路焊接设备的结构及工作原理。

(2)掌握制冷系统管路焊接设备的基本操作方法。

(3)了解常用焊料及焊剂的特点。

【能力目标】

(1)能正确使用便携式焊具。

(2)能对制冷系统中各种管路进行焊接。

【相关知识】

气焊是一项专门技术。在制冷设备、电冰箱的维修中,涉及铜管与铜管、铜管与钢管的焊接都应用气焊。

气焊,是利用可燃气体与助燃气体混合点燃后产生的高温火焰,加热熔化两个被焊接件的连接处,并用填充材料,将两个分离的焊件连接起来,使它们达到原子间的结合,冷凝后形成一个整体的过程。

在气焊中,一般用乙炔或液化石油气作为可燃气体,用氧气作为助燃气体,并使两种气体在焊枪中按照一定的比例混合燃烧,形成高温火焰。焊接时,如果改变混合气体和可燃气体的比例,则火焰的形状、性质和温度也随之改变。焊接火焰选用及调整正确与否,直接影响焊接质量。在气焊中,应根据所需温度的不同,选择不同的火焰。气焊使用的焊具是焊枪(焊炬),所需要的焊接设备有氧气钢瓶、乙炔气钢瓶(或液化石油气钢瓶)、连接软管及减压表等。便携式气焊设备的外形和结构如图 3-14 所示,其使用的焊料为铜磷焊条或银基焊条。

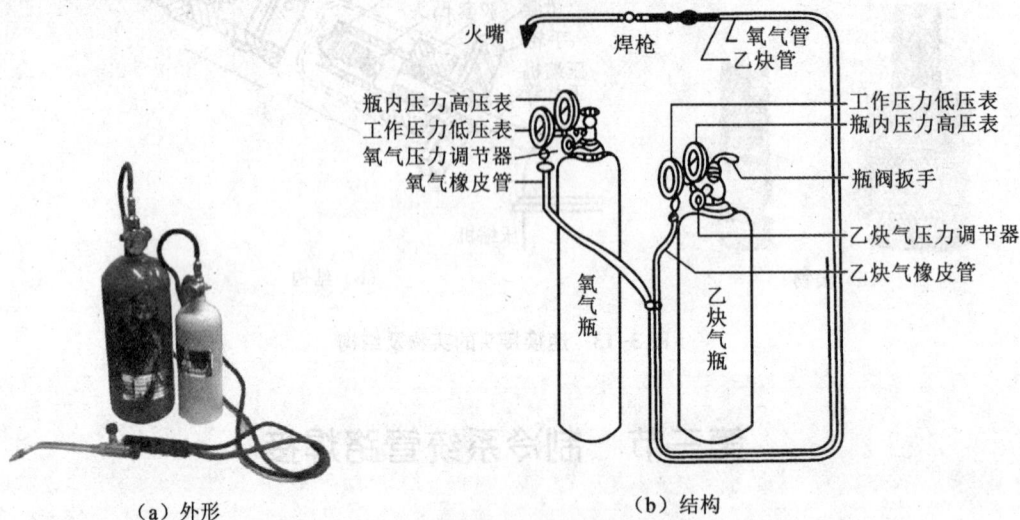

（a）外形　　　　　　　　　　　　　（b）结构

图 3-14　便携式气焊设备外形和结构

一、火焰的种类和性质

焊接火焰是钎焊的热源,火焰的正确选用和调节是焊接质量的保证。制冷管道的焊接,要根据不同的材料选用不同的火焰。

氧气-乙炔气气焊火焰共分以下三类。

1. 碳化焰

当乙炔气的含量超过氧气的含量时,火焰燃烧后的气体中尚有部分乙炔未燃烧,喷出气体的火焰为碳化焰,如图 3-15(a)所示。碳化焰的火焰明显分为三层,焰心呈白色,外围略带蓝色；内焰为淡白色；外焰为橙黄色。火焰长而柔软，温度为 2700 ℃左右，适宜钎焊铜管与钢管。

2. 中性焰

当氧和乙炔的含量适中，乙炔可充分燃烧时喷出的火焰为中性焰，如图 3-15（b）所示。中性焰的火焰也分三层，焰心呈尖锥形，色白而明亮；内焰为蓝白色，呈杏核形；外焰由里向外逐渐由淡紫色变为橙黄色。中性焰的温度在 3100 ℃左右，适宜钎焊铜管与铜管、钢管与钢管。

3. 氧化焰

当氧气超过乙炔气的含量时，喷出的火焰为氧化焰，如图 3-15（c）所示。氧化焰的火焰只有两层，焰心短而尖，呈青白色；外焰也较短，略带紫色，火焰挺直。氧化焰的温度在 3500 ℃左右。氧化焰由于氧气的供应量较多，氧化性很强，会造成焊件的烧损，致使焊缝产生气孔、夹渣，不适于制冷管道的焊接。

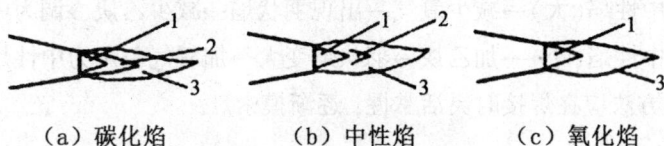

（a）碳化焰　　　（b）中性焰　　　（c）氧化焰

图 3-15　氧气-乙炔气火焰

1—焰心；2—内焰；3—外焰

二、焊接的结构形式

两根直径相同的紫铜管相对焊接时，应采用插入式（杯形口）的焊接结构。紫铜管的一端用扩管器扩成圆柱形口（杯形口），接口部分内、外表面用纱布清整擦亮，不可有毛刺、锈蚀或凹凸不平，另一根紫铜管也按照此方法清理干净，然后插入扩口内压紧，以免焊接时焊料从间隙流进管内。

插焊时要注意紫铜管插入圆柱形口（杯形口）的深度和间隙。扩圆柱形口（杯形口）时要扩足深度。一般插焊的深度见表 3-1。

表 3-1　一般插焊的深度表　　　　　　　　　　　　单位：mm

管径	6.35	9.52	12.70	15.88	19.05
深度	7.5	12	14.5	19	22

三、焊接前的准备工作

焊接前的准备工作如下。

（1）检查高压气体钢瓶。气瓶的喷口不得朝向人的身体，连接胶管不得有损伤，减压器周围不能有污渍、油渍。

（2）检查焊炬火嘴前部是否有弯曲和堵塞，气管口是否被堵住，有无油污。

（3）调节氧气减压器，控制低压出口压力为 0.15～0.20 MPa。

（4）调节乙炔气钢瓶出口压力为 0.01～0.02 MPa，如使用液化石油气则无须调节减压器，只需稍稍拧开瓶阀即可。

（5）检查被焊工件是否修整完好，摆放位置是否正确。焊接管路一般采用平放并稍有倾斜的位置，并将扩管的管口稍向下倾，以免焊接时熔化的焊料进入管道造成堵塞。

（6）准备好所要使用的焊料、焊剂。

四、调整焊炬的火焰

通过控制焊炬的两个针阀来调整焊炬的火焰。首先打开乙炔阀，点火后调整阀门使火焰长度适中；然后打开氧气阀，调整火焰，改变气体混合比例，使火焰成为所需要的火焰。一般认为中性焰是钎焊的最佳火焰，几乎所有的焊接都可使用中性焰。其调节的过程如下。

由大至小：中性焰（大）→减少氧气→出现羽状焰→减少乙炔→调为中性焰（小）。

由小至大：中性焰（小）→加乙炔→羽状焰变大→加氧气→调为中性焰（大）。

调节的具体方法应在焊接时灵活掌握，逐渐摸索。

五、焊接

首先要对被焊管道进行预热。预热时焊炬火焰焰心的尖端距工件 2～4 mm，并垂直于管道，这时温度最高。加热时要对准管道焊接的结合部位全长均匀加热。加热时间不宜太长，以免结合部位氧化。加热的同时在焊接处涂上焊剂，当管道（铜管）的颜色呈暗红色时，焊剂被熔化成透明液体，均匀地润湿在焊接处；然后立即将涂上焊剂的焊料放在焊接处继续加热，直至焊料充分熔化，流向两管间隙处；当焊料牢固地附着在管道上时，移去火焰，焊接完毕；最后先关闭焊枪的氧气调节阀，再关闭乙炔气调节阀。

六、焊接后的清洁与检查

焊接时，焊料没有完全凝固时，绝对不可使铜管动摇或振动，否则焊接部位会产生裂缝，使管路泄漏。焊接后必须将焊口残留的焊剂、熔渣清除干净；焊口表面应整齐、美观、圆滑、无凹凸不平，并无气泡和夹渣现象。最关键的是要绝无泄漏，这要通过试压检漏去判别。

七、焊接安全注意事项

（1）安全使用高压气体，开启瓶阀应平稳缓慢，避免高压气体冲坏减压器。调整焊接用低压气体时，要先调松减压器手柄再打开瓶阀，然后调压；工作结束后，先调松减压器再关闭瓶阀。

（2）氧气瓶严禁靠近易燃品和油脂。搬运时要拧紧瓶阀，避免磕碰和剧烈振动。接减压器之前，要清除瓶嘴上的污物。要使用符合要求的减压器。

（3）氧气瓶内的气体不允许全部用完，至少要留 0.20~0.50 MPa 的剩余气量。

（4）乙炔气钢瓶的放置和使用与氧气瓶的方法相同，但要特别注意高温高压对乙炔气钢瓶的影响，一定要放置在远离热源、通风干燥的地方，并且要求直立放置。

（5）焊接操作前要仔细检查瓶阀、连接胶管及各个接头部分，不得漏气。焊接完毕要及时关闭钢瓶上的阀门。

（6）焊接工件时，火焰方向应避开设备中的易燃易损部位，应远离配电装置。

（7）焊炬应存放在安全地点。不要将焊炬放在易燃、腐蚀性气体及潮湿的环境中。

（8）不得无意义地挥动点燃后的焊炬，避免伤人或引燃其他物品。

第四节　制冷系统维修基本工艺

【知识目标】

（1）掌握制冷系统清洗的方法。

（2）掌握制冷系统检漏的方法。

（3）掌握制冷系统抽真空的方法。

（4）掌握制冷系统充注制冷剂的方法。

（5）掌握制冷系统制冷剂回收的方法。

【能力目标】

（1）能正确进行制冷系统清洗操作。

（2）能正确进行制冷系统检漏操作。

（3）能正确进行制冷系统抽真空操作。

（4）能正确进行制冷系统制冷剂充注操作。

（5）能正确进行制冷系统制冷剂回收操作。

【相关知识】

一、制冷系统的清洗

压缩机故障会使制冷系统造成污染。更换压缩机后需对制冷系统进行清洗。制冷系统污染程度不同，清洗方法也不同，故在清洗前应先进行污染程度鉴别，然后针对不同污染程度选择不同的清洗方法。制冷系统的污染可以从气味、颜色和酸性程度上来判断，其鉴别方法见表 3-2。

表 3-2　制冷系统污染程度鉴别方法

污染程度	气味鉴别	润滑油颜色鉴别	润滑油的酸性检测
严重污染	打开压缩机的工艺管时，可以嗅到一股焦油味	倒出润滑油，其颜色变黑，且浑浊	用石蕊试纸浸入润滑油 5 min，试纸颜色变为红色或暗红色
轻度污染	打开压缩机的工艺管时，一般无焦油味	倒出润滑油，其颜色无明显变化	用石蕊试纸浸入润滑油 5 min，试纸颜色变为柠檬黄色

1.受到严重污染的制冷系统的清洗方法

受到严重污染的制冷系统常用清洗剂 R113 进行清洗，其清洗方法如下。

(1)对于毛细管与蒸发器的接口可以拆开的制冷系统(如单门电冰箱、间冷式双门电冰箱或接口在冷藏室的直冷式双门电冰箱)，用气焊枪将接口熔开取下毛细管，再将干燥过滤器与毛细管和冷凝器的焊口熔开取下，用铜管将冷凝器的出口和蒸发器的进口连接起来，再拆下压缩机后的吸、排气管处与清洗设备连接好，即可进行清洗。然后，将清洗设备接于毛细管两端清洗毛细管。经清洗后，制冷系统是否合格，可用检验冷冻油酸度的方法来检验清洗剂，以无酸度反应为合格。最后，用氮气将清洗剂吹除干净。清洗时，清洗剂保持 0.2~0.4 MPa 的表压力，吹除清洗剂的氮气压力为 0.8~1.0 MPa。

(2)对于毛细管与蒸发器的接口难以拆开的制冷系统，可将干燥过滤器拆下，分别清洗冷凝器和毛细管、蒸发器组。清洗冷凝器时，将清洗设备连接于冷凝器的两端进行，清洗毛细管、蒸发器组时，将清洗设备连接于毛细管和回气管进行。这种方法无须拆下蒸发器，比较简单，但由于毛细管流阻很大，清洗剂流量较小，不易将污染物洗净，因此需要采用气液交替的清洗方法。

一般的修理部无法使用 R113，也不愿用掉过多的制冷剂，故通常用四氯化碳代替R113 作为清洗剂。用氮气代替制冷剂来吹四氯化碳，这样清洗的效果也不错。只不过在清洗后，应用氮气把四氯化碳吹净，以防其残留在制冷系统中。

2. 受轻度污染的制冷系统的清洗方法

对于轻度污染的制冷系统，只需拆下压缩机和干燥过滤器，直接用制冷剂气体吹洗不少于 30 s，或者直接用氮气在 0.8 MPa 压力下对管道吹洗 2 min。

不论采用什么方法清洗，都应及时装上压缩机和更换干燥过滤器，并尽快地组装好、封焊好。

二、制冷系统检漏

电冰箱、空调器的制冷系统部件是用管道串联成的一个全封闭系统。一旦焊接不良或制冷管道被腐蚀，或搬运、使用不当等都可能造成制冷系统中循环流动的制冷剂泄漏。

检查制冷系统是否存在泄漏，常见的有观察油渍检漏、电子卤素检漏仪检漏、肥皂水检漏和水中检漏等方法。

1. 观察油渍检漏

制冷系统泄漏时，一定会伴有冷冻油渗出。利用这一特性，可用目测法观察整个制冷系统的外壁，特别是各焊口部位及蒸发器表面有无油渍存在。若怀疑泄漏处油渍不明显，可放上干净的白布，用手轻轻按压，若白布上有油渍，说明该处有泄漏。

2. 电子卤素检漏仪检漏

电子卤素检漏仪是一个精密的检漏仪器，主要用于精检，灵敏度可达每年 14 ~ 1000 g，但不能进行定量检测。

3. 肥皂水检漏

肥皂水检漏就是用小毛刷蘸上事先准备好的肥皂水，涂于需要检查的部位，并仔细观察。如果被检测部位有泡沫或有不断增大的气泡，则说明此处有泄漏。

肥皂水的制备：可用 1/4 块肥皂切成薄片，浸在 500 g 左右的热水中，不断搅拌使其溶化，冷却后肥皂水即凝结成稠厚状、浅黄色的溶液。若未制备好肥皂水而需要检漏时，则可用小毛刷蘸较多的水后，在肥皂上涂搅成泡沫状，待泡沫消失后再用。

在没有用其他方法进行检漏，或虽经电子卤素检漏仪等已检出有泄漏，但不能确定具体部位时，使用肥皂水检漏，可获得较好的检测结果。所以，一般维修中常用肥皂水检漏。

4. 制冷系统的高、低压检漏

制冷系统被压缩机和毛细管分成高压部分和低压部分。其中高压部分包括冷凝器和压缩机，低压部分包括蒸发器、毛细管和回气管。

(1)高压检漏。

高压检漏示意图如图 3-16 所示。从干燥过滤器与毛细管的连接处将管路分开，并将分开的两管各自封死。把回气管从压缩机上取下，并将压缩机上接回气管的管口堵死。这时可对从工艺管上所接的三通检修阀充注 1.0 ~ 1.2 MPa 的氮气，对高压部分进行检漏。对电冰箱来说，若有外露焊头，还可以继续将主冷凝器、副冷凝器及防露加热管分开进行检漏，以确定泄漏发生于哪一部分。再根据不同的情况，采取补焊、更换零件或分别加装部分冷凝器及丢掉部分管道等办法加以解决。

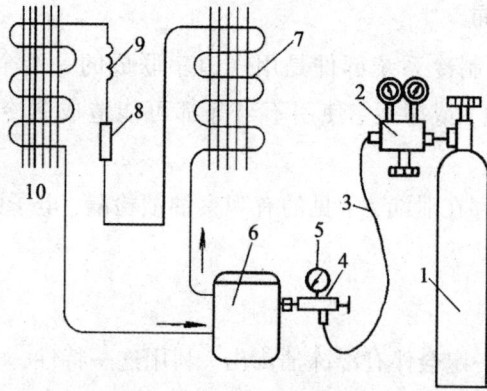

图 3—16　高压检漏示意图

1—氮气钢瓶；2—氮气减压调节阀；3—耐压连接胶管；4—带压力表的三通修理阀；

5—压力表；6—压缩机；7—冷凝器；8—干燥过滤器；9—毛细管；10—蒸发器

（2）低压检漏。

低压检漏示意图如图 3—17 所示。对
于电冰箱来说，可从三通检修阀充入 0.4～
0.8 MPa压力的氮气进行低压部分检漏。
其因蒸发器多为铝板吹胀式蒸发器，若试
压时压力过高，则易造成蒸发器的胀裂损
坏。而对双门电冰箱，因其蒸发器无法卸
下，故可采用开背修理方法或其他方法进
行处理，直到无泄漏为止。

5. 制冷系统的真空检漏

检查制冷系统有无泄漏，也可采用真

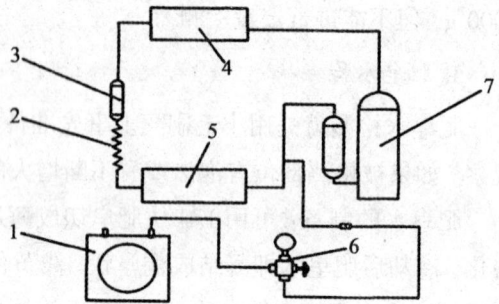

图 3—17　低压检漏示意图

1—真空泵；2—毛细管；3—干燥过滤器；

4—冷凝器；5—蒸发器；6—三通阀；7—压缩机

空试漏的方法。具体的操作方法为：在压缩机的工艺管上接上带真空的三通修理阀，三
通修理阀接头的耐压胶管与真空泵连接。对制冷系统抽真空 1～2 h 后，在真空泵的出气
口接上胶管，将胶管口放入盛有水的容器中，边抽真空，边观察胶管口有无气体排出。若
对制冷系统抽真空 1～2 h 后仍有气体排出，则说明制冷系统有泄漏孔。也可以对制冷系
统抽真空至制冷系统内的压力为 133.3 Pa 时，关闭三通修理阀门，静置 12 h 后，观察真
空表上的压力值有无升高。若压力升高，则说明制冷系统有泄漏点存在，再用其他方法
找到泄漏孔并进行补漏，直到无泄漏为止。

6. 制冷系统检漏操作注意事项

（1）忌用压缩机或其他设备直接向制冷系统中充入空气进行加压检漏。

（2）检漏应在系统内压力平衡后进行。

（3）电冰箱制冷系统的泄漏点有时比较小，一定要观察仔细，对有可能泄漏的部位

应耐心反复的检查。

（4）系统与修理阀的连接一定要密封，避免因连接处漏气造成误判。

（5）找到漏点后，一定要先用干毛巾擦去洗洁精或肥皂水，以免水分进入系统造成冰堵，然后放出制冷系统中的氮气。

（6）真空检漏时，只能观察压力真空表的指针变化，不得用涂抹洗洁精或肥皂水的方法查找漏点，防止水分进入系统造成冰堵。

三、制冷系统抽真空

在为电冰箱充注制冷剂前，必须严格地进行抽真空处理。抽真空的目的有两个：一是排除制冷系统中的不凝性气体（如氮气、空气等）；二是排除制冷系统中的水分。

抽真空时由于压力降低使残留的水分汽化，被真空泵抽出，从而可有效地避免冰堵的发生。

抽真空时间至少为 30 min 以上，当抽真空使系统达到真空度 133 Pa 以下时，先关闭复合表高低压侧的直通阀开关，再切断真空泵的电源，接着打开制冷剂钢瓶上的阀门，然后缓缓地打开复合表低压侧的直通阀开关，使制冷剂慢慢地进入系统。当压力表指针指在 0.3 MPa 左右时，就关闭复合表低压侧的直通阀开关，启动压缩机，让它运行一段时间后进行如下观察：

（1）回气管应有冰凉感，可出现凝露，不可出现结霜；

（2）压缩机排气管温度约比环境温度高 55 ℃，冷凝器中部约为 45 ℃，冷凝器尾端和过滤器应接近环境温度或略高于环境温度；

（3）蒸发器应结霜均匀，箱内温度应达设定温度；

（4）冰箱运行稳定时，低压表的压力为 0.05 MPa。

在检修电冰箱、空调器制冷系统时，必然会有一定量的空气进入系统中，空气中含有一定量的水蒸气，这会对制冷系统产生膨胀阀冰堵、冷凝压力升高、系统零部件被腐蚀等影响。由此可见，对系统检修后，在未加入制冷剂前，对系统抽真空是十分重要的。而抽真空彻底与否，将会影响系统正常运转。

1. 低压单侧抽真空法

（1）连接工具设施。用连接管将真空泵（维修中也可用压缩机代替）的吸气端与真空压力表的三通阀连通。

（2）开启三通阀，使制冷系统与连接管相通，即逆时针转动三通阀的手柄。

（3）启动真空泵或"抽空打气两用泵"，即把电源插头插入 220 V 电源插座。

（4）观察压力表。当压力表示数为 -0.1 MPa 时，酌情再抽数十分钟，再顺时针转动三通阀手柄，关闭三通阀，逆时针旋松连接螺帽，然后断开真空泵或"抽空打气两用泵"的电源。

低压单侧抽真空是利用压缩机壳上的工艺管进行的，其工艺简单、焊接口少，但高压侧的空气和水分，要通过毛细管、蒸发器、低压回气管、压缩机，由真空泵抽出。由于毛细管的内径小，流阻很大，当低压侧真空度达 133 Pa 时，高压侧仍在 1000 Pa 左右，整体真空度不易达到要求。不过，这些问题可通过二次抽真空弥补。

低压单侧抽真空操作简便，焊接点少，减少泄漏孔。缺点是制冷系统的高压侧中的空气须经过毛细管抽出，由于毛细管的流阻很大，当低压侧中的残留空气的绝对压力已达到 133 Pa 以下时，高压侧残留空气绝对压力仍会在 1000 Pa 以上。虽然反复多次使制冷系统内的残留空气减少，却很难使制冷系统的真空度达到低于 133 Pa 的要求。单侧抽真空示意图如图 3-18 所示。

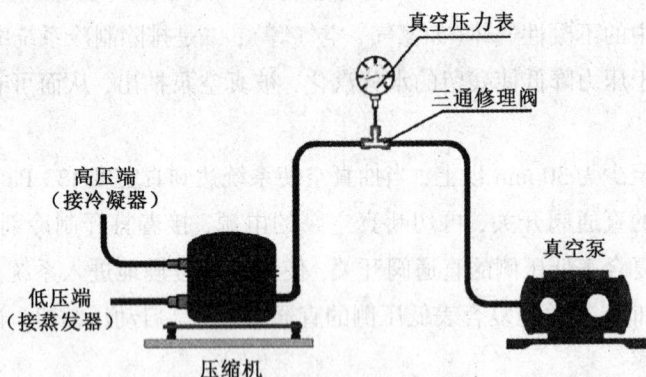

图 3-18　单侧抽真空示意图

2. 高、低压双侧抽真空

高、低压双侧抽真空能使制冷系统内的绝对压力降至 133 Pa 以下。其对提高制冷系统的制冷性能有利，故近年来被广泛采用。高、低压双侧抽真空示意图如图 3-19 所示。高、低压双侧抽真空是在干燥过滤器的进口处加一工艺管，与压缩机上的工艺管用两台真空泵或并联在一台真空泵上同时进行抽真空。这种抽真空的方法克服了毛细管的流阻对高压侧真空度的不利影响，能使制冷系统在较短的时间内获得较高的真空度。但要增加一个焊接点，操作工艺较为复杂。

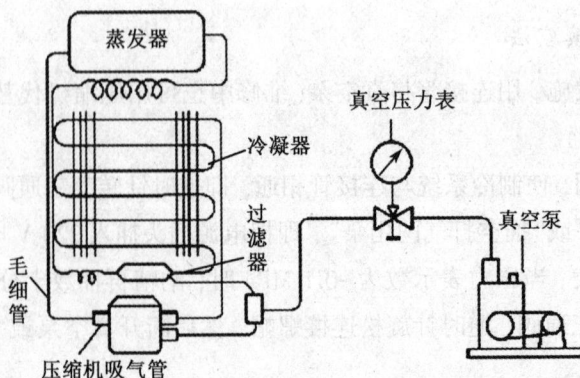

图 3-19　高、低压双侧抽真空示意图

3. 二次抽真空

二次抽真空的工作原理是先将制冷系统真抽空到一定的真空度后，充入制冷剂，使系统内的压力恢复到大气压力或更高一些。这时，启动压缩机，使制冷系统内的气体成为制冷剂蒸气与残存空气的混合气。停机后，第二次再抽真空至一定的真空度，系统内此时残留的气体为混合气体，其中绝大部分为制冷剂蒸气，残留空气所占比例很小，从而达到减少残留空气的目的。但是，二次抽真空的方法会增加制冷剂的消耗。

在修理电冰箱时，如果现场没有真空泵，则可利用多次充、放制冷剂的方法来驱除制冷系统中的残留空气。一般充、放 3~4 次，即可使系统内的真空度达到要求，但会消耗更多的制冷剂。对于空调器，由于充注的制冷剂较多，所以一般不采用此种方法。

在抽真空时还应合理地选用连接工艺管与三通检修阀之间的连接管的管径。若管径选得过小，则流阻太大，从而使制冷系统的实际真空度同气压表上所指的真空度相差较大。若管径选得过大，则最后封口时就比较困难，通常选用 $\phi 4 \sim \phi 6$ mm 的无氧铜管作为连接管比较合适。

4. 制冷系统抽真空注意事项

(1)真空泵在使用过程中应注意其油位，不得低于指示油位。真空泵应使用专用真空泵油。

(2)抽真空前，制冷系统内压力一定要与大气平衡，以免系统压力过高，造成真空泵喷油。

(3)各连接处要检查拧紧，以免发生串气现象，影响抽真空质量。

(4)抽真空结束时，应先关闭修理阀，再关闭真空泵，以防止空气回流。

四、制冷系统充注制冷剂

电冰箱和空调器在抽真空结束后，都应尽快地充注制冷剂，最好控制在抽真空结束之后的 10 min 内进行，这样就可以防止三通检修阀阀门漏气而影响制冷系统的真空度。准确地充注制冷剂和判断制冷剂充注量是否准确的方法有定量充注法和综合观察法。

1. 充注要求

无论是电冰箱还是空调器，制冷剂的注入量都应满足其铭牌上的要求。如果制冷剂充注量过多，会导致蒸发器温度增高，冷凝压力增高，使功率增大，压缩机运转率提高；还可能出现冷凝器积液过多，自动停机时，液态制冷剂在冷凝器末端和过滤器中蒸发吸热，造成热能损耗。这些因素将导致电冰箱或空调器性能下降，耗电量增加。若制冷剂充注量过小，则会造成蒸发器末端的过热度提高，甚至蒸发器上结霜不满，也会使空调器的运转率提高，耗电量增大。制冷剂的充注量与制冷量有着密切的关系。因此，制冷剂的充注量一定要力求准确，误差不能超过规定充注量的 5%。

2. 定量

对于小型制冷空调装置，可按照铭牌上给定的制冷剂充灌量加充制冷剂。定量充注法主要是采用定量充注器或抽真空充注机向制冷装置定量加充制冷剂。

小型制冷空调装置利用定量充注器充注制冷剂时，只需在制冷装置抽好真空后关闭三通阀，停止真空泵，将与真空泵相接的耐压胶管的接头拆下，装在定量充注器的出液阀上；或者可拆下与三通阀相接的耐压胶管的接头，将连接定量充注器的耐压胶管接到阀的接头上。打开出液阀将胶管中的空气排出，然后拧紧胶管的接头，检查是否泄漏。

充注制冷剂时，首先观察充注器上压力表的读数，转动刻度套筒，在套筒上找到与压力表相对应的定量加液线，记下玻璃管内制冷剂的最初液面刻度。然后打开三通阀，制冷剂通过胶管进入制冷系统中，玻璃管内制冷剂液面开始下降。当达到规定的充灌量时，关闭充注器上的出液阀和三通阀，充注工作结束。采用抽真空充注机充注制冷剂时，只需在抽真空结束后，关闭抽真空充注机上的抽空截止阀，打开充液截止阀，即可向制冷系统充注制冷剂。

3. 定量充注法

定量充注法操作简单有效，使用广泛，具体如图3-20所示。

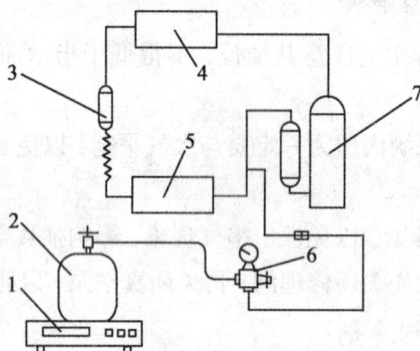

图 3-20　定量充注法

1—电子秤；2—制冷剂钢瓶；3—干燥过滤器；4—冷凝器；5—蒸发器；6—三通阀；7—压缩机

将装有制冷剂的小钢瓶放在电子秤或小台秤上，将耐压胶管的一端接在三通阀上，另一端接在钢瓶的出气阀上；打开出气阀将耐压胶管中的空气排出，拧紧接头以防止泄漏。然后，称出小钢瓶的重量。最后，打开三通阀向制冷系统充加制冷剂。

在充注制冷剂的过程中，应注意观察电子秤读数值的变化，当达到相应的充灌量时，关闭三通阀和小钢瓶上的出气阀，充注工作结束。

4. 控制低压压力充注法

控制低压压力充注法所需设备简单、方便，在实践中应用极广，其操作步骤如下。

(1)连接工具设施。用充氟管将真空压力表的三通真空压力表与制冷剂钢瓶或听装瓶接头相连，并排除管道内空气。

(2)充注制冷剂。将真空压力表的三通阀开启，让制冷剂进入制冷系统(要缓缓加入，边加边看制冷效果)。经数秒钟后，关闭三通阀或制冷剂瓶阀，停止充注，查看表压：

当表压在 0.1~0.3 MPa 时，启动压缩机，听蒸发器有无流水声（制冷剂膨胀声），若无流水声，则毛细管处堵塞，须排除故障再充；若有流水声，则正常，可打开阀门，继续充注。

（3）观察。看表压、摸冷器的温度、听蒸发器的声音、感受制冷效果。若有低压部分（即表压）在 0.1 MPa 左右，则制冷效果好。蒸发器有连续均匀的流水声，压缩机吸气管冷且潮湿带露，且能稳定 1 h 以上，则表示充注成功。

5. 综合观察法

在维修中常采用综合观察法。它是在没有制冷剂定量的情况下，充注一定量的制冷剂后，通过观察三通修理阀上气压表指示的压力值，以及电冰箱的工作电流和电冰箱的结霜情况来判定制冷剂充注量是否合适。

由于一般修理部使用的都是钳形电流表，量程较大，而电冰箱的空载电流与额定工作电流相差不大。因此，观察其电流时不易看出变化。一般只要不超过额定工作电流即视为正常，进而观察其他项目的情况。

制冷系统低压压力的高低由制冷剂充注量的多少来决定。制冷剂充注量多，低压压力就高，蒸发温度就高；制冷剂充注量少，低压压力就低，蒸发温度就低。而低压压力的高低还要受环境温度变化的影响。夏天气温高，低压压力一般可控制在 0.05~0.07 MPa；冬天气温低，低压压力可控制在 0.02~0.04 MPa；春、秋气温适中，低压压力一般控制在 0.03~0.05 MPa。

控制低压压力虽然能判别制冷系统制冷剂充注的多少，但由于影响制冷系统低压压力的因素较多，制冷剂充注量的误差也较大，因而还应通过观察制冷系统主要部件的温度及其变化，才能确定制冷剂充注量的准确性。

（1）观察电冰箱上、下蒸发器的结霜情况。

制冷剂充注量准确时，上、下蒸发器表面结霜均匀，霜薄而光滑，用湿手接触蒸发器表面有黏手感。若制冷剂充注量不足，则蒸发器上结霜不匀，甚至只有部分结霜。对于制冷剂先进入下蒸发器然后到上蒸发器循环的电冰箱，会出现冷藏室温度低而冷冻室温度降不下来的现象。若制冷剂充注量过多时，则蒸发器上结浮霜，冷冻室内的温度达不到设计的温度要求。

（2）摸冷凝器上的温度。

制冷剂充注量准确，冷凝器上部管道发热烫手，整个冷凝器从上到下散热均匀；若制冷剂充注量过多，则冷凝器上的大部分管道发烫；若充注量不足，则冷凝器管道上部只有温热，而下部管道不发热。

（3）摸干燥过滤器和毛细管上的温度。

制冷剂充注量准确，干燥过滤器有热感；若干燥过滤器上温度较高，则说明制冷剂充注量多；若干燥过滤器上不热，说明充注量不足。毛细管进口处管道上的温度应高于干燥过滤器上的温度。

（4）摸低压回气管上的温度。

制冷剂经毛细管节流，在蒸发器内进行蒸发，吸收汽化潜热变为饱和蒸气。饱和蒸气流经回气管，继续向回气管吸热，变为过热蒸气回到压缩机。制冷剂充注量准确时，回气管上有凉感；若回气管上没有凉感，则为制冷剂充注量不足；若回气管上结霜，则说明制冷剂充注量过多。

6. 制冷系统充注制冷剂操作注意事项

（1）向制冷系统充注制冷剂前，应先用制冷剂将充制冷剂软管中的空气排尽。

（2）若采用控制低压压力法和综合判断法充注制冷剂，初始充注时不要太多，以免向大气排放污染环境；制冷剂充注调节时，应耐心仔细，每次充注量不宜过多，同时应注意观察压力及运行电流的变化。

（3）压缩机工艺管的封口应在压缩机运行时进行。

五、制冷剂的回收

大多数全封闭压缩机制冷系统无储液装置和三通阀，检修过程中需将制冷剂排入制冷剂盛装容器，操作方法如下。

（1）在压缩机的高压排气管上加一个专用管修理阀。

（2）将外接压缩机的吸气口用耐压胶管接专用管修理阀的接口，排气口接已抽空的制冷剂盛装容器，容器上的胶管暂不拧紧。

（3）开动外接压缩机，开启专用管修理阀，当容器上的胶管管帽处有制冷剂喷出时，拧紧管帽，同时打开容器阀门，边抽边观察压力表所示压力。如果超压，就应停机，待压力下降后再开机，直至制冷系统的制冷剂全部排入盛装容器为止。操作中要用冷水冷却制冷剂盛装容器，以便较快地将制冷剂排入容器。全封闭式压缩机制冷系统抽出制冷剂的装置如图 3-21 所示。

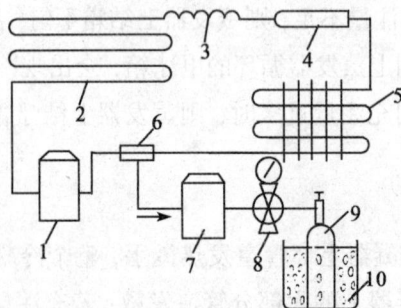

图 3-21 全封闭式压缩机制冷系统抽出制冷剂装置

1—压缩机；2—蒸发器；3—毛细管；4—过滤器；5—冷凝器；6—专用管修理阀；

7—外接压缩机；8—带压力表的三通阀；9—制冷剂盛装容器；10—装有水和冰块的容器

第四章　房间空调器的安装

我国消费者对家用空调器特别是分体式空调器的需求在迅速扩大，空调器的安装及移装调试工作也随之成为家用空调器使用过程中重要的一环。本章主要学习空调器的安装工艺，即安装、移装、调试空调器的方法及注意事项，学习安装、移装空调器过程中所用工具的使用方法。

第一节　分体式空调器的安装

【知识目标】

(1)了解空调器的结构，理解分体式空调器的工作原理。

(2)掌握空调器的安装工艺。

(3)掌握空调器的安装方法及注意事项。

【能力目标】

能正确使用空调器的安装工具，并完成空调器的安装。

【相关知识】

空调器安装不当，很可能会导致其无法实现或不能理想实现预期的安全使用性能。据空调器生产厂家统计，有三分之一的空调器故障是由于安装不当引起的。空调器的安装工作是整个空调器制造过程的延续，可以说分体空调器在出厂时是半成品，要通过安装工安装、调试后才成为成品，所以空调器的安装质量尤其重要。

一、分体式空调器的安装方法

分体式空调器的安装步骤为：确定安装位置；安装室内、外机组；连接室内、外机之间的管路；安装电气线路；检漏、试机。

1. 安装位置的选择

(1)应选择坚固不易受到震动，且足以承受机组(室外机、室内机)重量的地方。

(2)室内机、室外机周围应保留合适的空间(具体的安装尺寸要求见图4-1)，以利于空气流动。

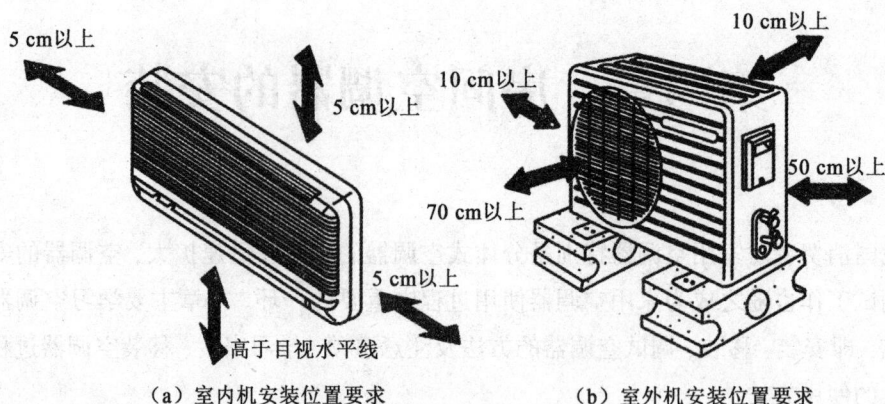

（a）室内机安装位置要求　　　　（b）室外机安装位置要求

图 4-1　室内机、室外机安装尺寸要求

（3）机组应安装在远离各类电器，距离热源 2 m 以上的地方。

（4）机组应安装在儿童不易触及的地方。

（5）应尽量使室内机、室外机保持最近距离，使连机管尽量短。

（6）电源容量应足够，并接地可靠。

（7）室内机、室外机的排水不得影响到下面住户。

（8）室内机下方应尽可能避开电视机、音响、电脑等家用电器。

（9）室内机应安装在可将冷、热风均匀送到室内各个角落的地方。

（10）室内机、室外机周围应保留足够的空间，以利于空气流动。

（11）室外机应安装在不影响邻居的地方。

（12）室外机应安装在不易受到雨淋、无阳光直接照射、通风良好的地方。

（13）机组应安装在保证其维护、检修方便的地方。

（14）一楼临街用户安装室外机不得低于 2.5 m。

（15）室外机组安装于坚固的墙面（单层砖墙必须用过墙螺栓固定）或阳台地板上，以减少振动。

2.电源检查

（1）检查用户家电源、电压。

（2）空调电源应用专用分支电路，并保证整个供电部分（分支线路、电源线、电表、空气开关等）的容量大于空调最大额定电流。

（3）电表容量应足够大。

（4）建议用户为空调配备专用空气开关与漏电保护器等保护装置，且容量应满足空调需要。

3. 开箱试机

(1)打开机组包装箱,取出随机附件、连接线。

(2)检查室内机、室外机外观有无损伤或其他异常现象。

(3)检查随机附件是否齐全且无损坏。

(4)安装前必须单独给室内机通电试机,观察各部件是否运转良好。

4. 室内机安装

(1)挂壁式空调器室内机组的安装。

挂壁式空调器室内机组的安装首先应考虑连接管的方向、挂壁板固定位置、墙壁开孔位置。

①确定连接管引出方向,安装引出连接管时,由房间安装位置而定。

②打穿墙孔,装配保护套管。根据室内机挂墙的位置及连接管引出方向确定穿墙孔的位置以后,用冲击钻钻一个穿墙孔,如图 4-2 所示。墙孔从室内侧应向下倾斜 10°~20°,以便空调器工作时冷凝水流出。孔径一般为 65 mm,而对于有换气功能的空调器,由于增加了一条换气管,此时开孔的孔径应增大到 70 mm。

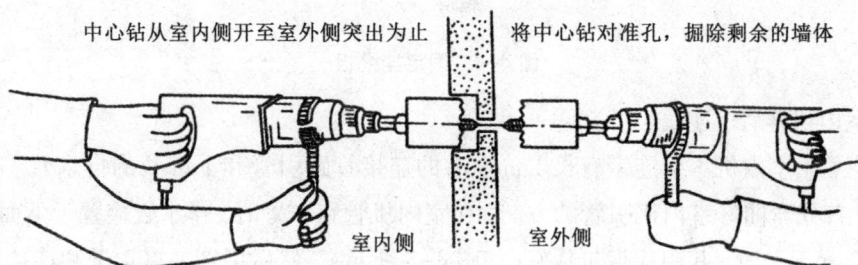

图 4-2　打穿墙孔

如图 4-3 所示,在穿墙孔处安装保护套管(防止穿墙孔管路磨损),并用遮帽封住管口四周。有些厂家还随机配有密封胶泥,以进一步黏封保护套管的四周。

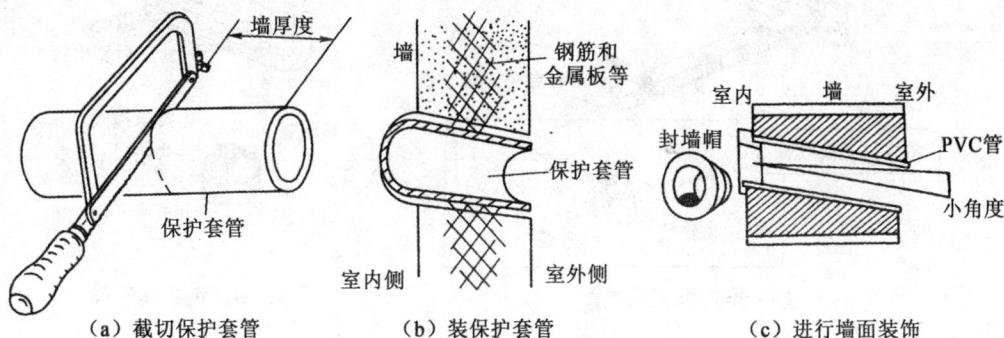

（a）截切保护套管　　　　（b）装保护套管　　　　（c）进行墙面装饰

图 4-3　安装保护套管

③安装挂壁板。挂壁板应固定在坚固的壁墙上，且保证水平安装。若挂壁板安装倾斜，空调工作时产生的冷凝水就容易滴落到室内。如图4-4所示，用一根系有螺钉的线从板中心的上部垂下(或用水平尺)，找出水平位置。安装板一般用6只以上水泥钢钉或直径为6 mm的塑料膨胀管和直径为4 mm的自攻螺钉来固定。对于空芯墙或粉刷层较厚的墙壁，可用直径为6 mm或8 mm的膨胀螺丝来固定，也可用木塞加自攻螺钉来固定。如果是后出管，应用卷尺测出穿墙孔的位置。安装后应保证挂壁板与墙面之间无空隙，挂壁板牢固无松动，挂壁板安装后的支承力不少于60 kg。

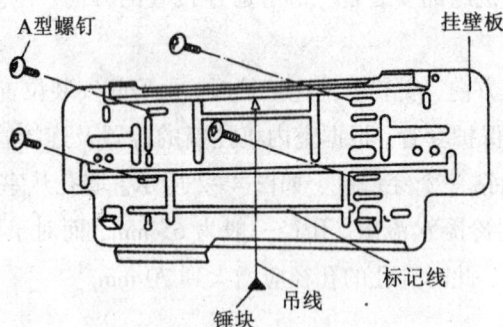

图4-4　固定挂壁板

④室内机连管、连线。

❖弯管。室内机本身连带有长1 m左右的连接管路引管和1 m长的排水管。根据管路走向，首先弯曲好室内机引管的方向。在室内机管路布置时，排水管应置于下面，连机电源线应置于上面，并用扎带包扎好(如图4-5所示)，然后用管夹将管子和连接电缆固定在机壳的背面(如图4-6所示)。

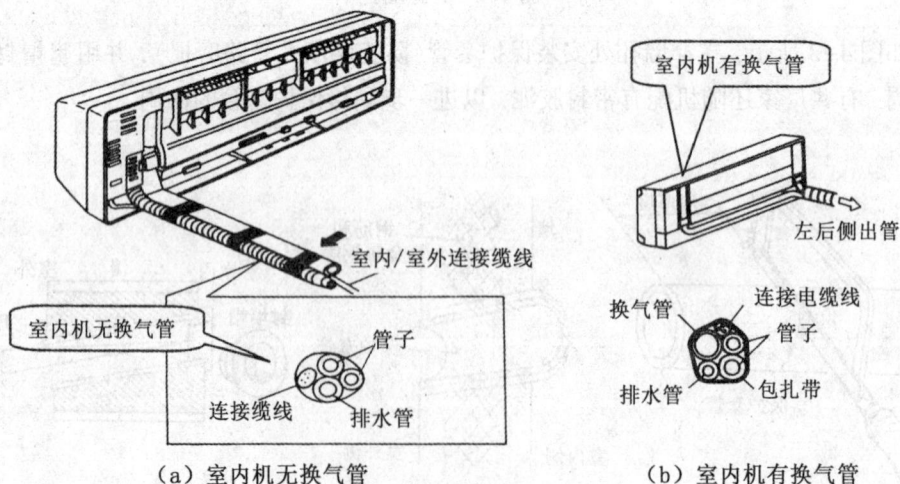

（a）室内机无换气管　　　　　（b）室内机有换气管

图4-5　管束布置

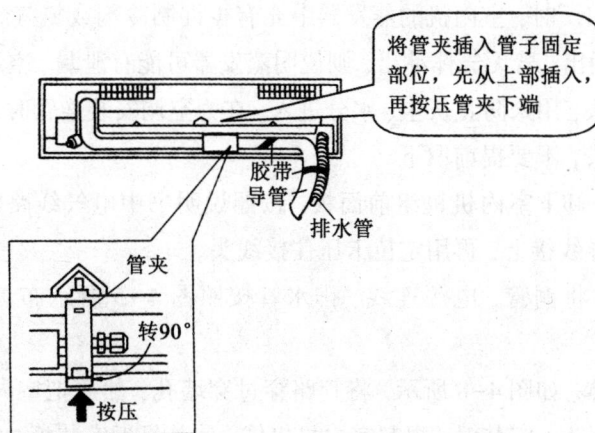

将管夹插入管子固定部位，先从上部插入，再按压管夹下端

胶带
导管
排水管

管夹
转90°
按压

图 4-6　管夹安装

❖配管出口。根据室内机连接管引出方向，用钢丝钳扳开机壳背面外壳的孔作为配管引出孔。

❖配管展开。分体式空调器一般随机附有两根连接配管，一根为气管（粗管），一根为液管（细管）。将随机配管展开，展开方法是与盘曲方向相反，压住配管端部，滚动向后展开。

❖室内机连管。如果室内机、室外机之间距离过大，则需加长连接配管。连接配管时应选择同规格的、退火并且酸洗过的紫铜管。弯曲铜管时一定要使用弯管器，以免损坏铜管。

连接配管的方法有两种：一种是扩口连接；另一种是快速接头连接。扩口连接，是指对配管（气管和液管）进行扩口，将铜管管口做成喇叭形，然后用锥形螺母旋紧在接头上。

管路连接前一定要保持连接管内干燥无杂物，否则将使系统造成冰堵和脏堵。连接时要在室内机引管接头的锥面和配管的喇叭口上涂少许冷冻机油，对正中心后用手将螺母拧到位，再使用扳手拧紧。使用扳手时，室内机引管一侧的扳手应固定不动，转动另一侧的扳手，以防止室内机引管变形。注意，在操作过程中勿使灰尘、脏物、水汽等进入管内。配管连接如图 4-7 所示。接头处旋不紧会漏气，旋太紧会损坏喇叭口。

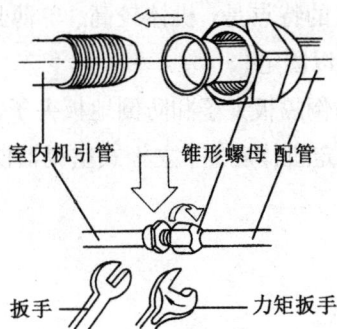

室内机引管　　锥形螺母 配管

扳手　　　　　力矩扳手

图 4-7　配管连接

一般在空调器出厂时，室内机的蒸发器中充有少许制冷剂或氮气。连管时打开引管的封头，应有气体冲出，若无气体冲出，则说明蒸发器可能有泄漏。空调器出厂时，配管的两端也有塑料封头，用来防止灰尘、水分进入。在为空调安装连管时，应该在进行连管操作的时候取下封头，不要提前取下。

❖室内机连线。卸下室内机机组前面板，按照说明书中电气线路图上导线的编号，将随机配备的控制导线接上，再用定位卡压住接线头。

❖管道束整形。将铜管、电源连线、排水管按照图4-5所示布置，并用包扎胶带缠绕。

⑤挂装室内机体。如图4-8所示，将管路穿过穿墙孔，然后把室内机机体挂牢在挂壁板上部的两个钩子上。安装时，提起室内机机体，使其靠近安装板，由上而下移动，使室内机机体底部的连接件挂在挂壁板下端的钩子上，然后左右来回移动一下机体，检查其是否牢靠；双手抓住机体，将机体压向挂壁板，直到听到"咔嗒"声为止。

图4-8　挂装室内机机体

（2）立柜式空调器室内机的安装。

立柜式空调器室内机的连接管引出方向有三个：左出管、右出管和后出管。安装引出连接管道时，由房间安装位置而定。

分体立柜式空调器室内机的特点是：机体较高、单薄且直接坐落在地面上。为了使其稳定，要对其顶部和底部加以固定。

立柜式空调器随机附有防倒隔板夹子和防倒地板夹子，防倒隔板夹子用于固定机体顶部，防倒地板夹子则用于固定机体底部。立柜式空调器防倒隔板夹子固定机体的方式如图4-9所示。

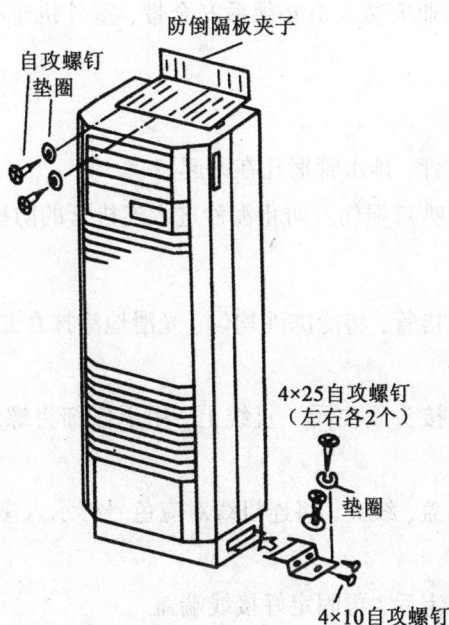

图 4-9 立柜式空调器防倒隔板夹子固定示意图

立柜式空调器可以直接坐落在地面，可以用地脚螺栓固定在水泥地上，也可以固定在 50~100 mm 厚的木制底座上。图 4-10 所示为不同木制底座的固定方式。

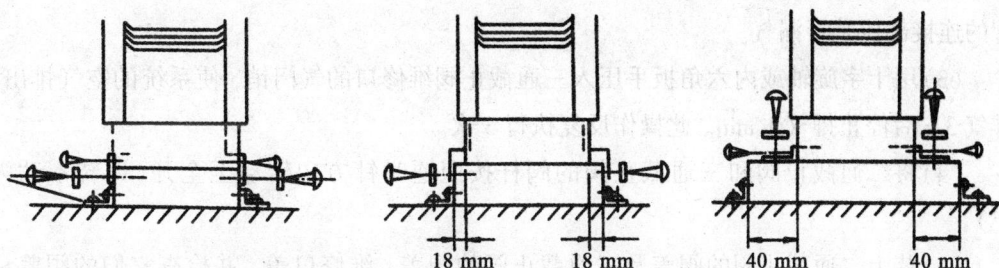

图 4-10 立柜式空调器与木制底座的固定方法

立柜式空调器的背面底部或左右两侧有预留孔，管道和导线可以从中穿过。钻穿墙洞的方法与安装壁挂式空调器的方法相同。

5. 室外机安装

(1)室外机安装位置的选择。除满足基本的安装位置选择需求外，还应考虑制冷、制热需要，北方地区宜选阳面，南方地区宜选阴面。单冷机型应放阴面。

(2)根据选择好的位置，用膨胀螺栓将支架固定在外墙上。

(3)将减震胶垫套在外机底角上，将排水弯头和排水软管装在外机底部。

(4)将外机小心搬出室外，放在支架上，并用 4 个直径为 10 mm 的底角螺栓固定牢固。

注意：二楼以上户外作业安装人员必须系安全带，室外机也必须用绳索捆住后再放到室外。

6. 穿管

(1)将连机线连同连接管、排水管捆扎在一起。

(2)穿管时要有防止喇叭口损伤及防止泥沙进入连机管的防护措施。

7. 连机

(1)取扩好喇叭口的连接管，将冷冻油均匀、光滑地涂抹在二、三通阀的接头与喇叭口上。

(2)将连接管喇叭口与接头放在同一直线上，用手仔细将螺母拧到底，再用扳手将其拧紧。

(3)拆下室外机接线端盖、线夹，将连机线对应色号标示入座，当裸线部分完全插入后再用螺丝压紧。

(4)将连机线用线夹固定后，再固定好接线端盖。

8. 排空

(1)取下三通截止阀(气管截止阀)上的阀盖和维修口盖。

(2)取下二通截止阀上的阀盖，用内六角扳手按照逆时针方向将阀杆旋转 90°(即开启 1/4 圈)，让液体制冷剂通过液管进入室内机组中，10 s 后迅速关闭二通阀。检查各配管的连接部位是否漏气。

(3)用十字旋轴或内六角扳手压入三通截止阀维修口的气门销，使系统的空气排出，排气 3 s 后停止排气 1 min。此操作反复执行 3 次。

(4)将二通截止阀和三通截止阀的阀杆按照逆时针方向转动至全开(即转不动为止)。

(5)装上二通截止阀的阀盖及三通截止阀的阀盖、维修口盖，并检查它们的阀盖和维修口盖处有无漏气。

9. 检漏

(1)用海绵块蘸上肥皂水或用检漏仪检查室内机和室外机的各个接口及检修阀，每处停留不得少于 3 min。

注意：夏季应在停机状态下先进行初检漏，然后在开机制冷降温后再转制热运行检漏；冬季应在制热运行中检漏。

(2)对有泄漏的接口应重新进行处理。

10. 走管包扎和堵墙孔

(1)整理连接管路。

(2)弯管时应使用弯管器，弯成 90°；如不用弯管器，弯管时的弯曲半径应尽可能大一些,以防管子折扁或破裂。

(3)将连接管和连机线包扎在一起,包扎方向应由室外机向室内机,以防雨水进入管路影响管温和绝缘。

(4)室内机管路接头处应单独采取保温处理。

(5)管路包扎完毕后,用管夹每隔 1 m 将其固定在墙上。

(6)用和好的石膏或随机带的油灰将内、外墙孔堵好,防止雨水和风进入室内,并使其尽量与墙边协调。

11. 试机前检查

(1)检查线路是否接好,特别注意连接线要对应接线,要检查各压线部分的裸线是否全部压紧。

(2)检查室内机、室外机是否安装牢固。

(3)检查电源插头是否接插牢固。

12. 试机检查

(1)检查室内机、室外机有无明显噪声,机体抖动是否正常,如有噪声或抖动不正常,应及时按照维修工艺调试,将其修理正常。

(2)检查室内机进出风温差,冬季应大于 18 ℃,夏季应大于 10 ℃(开机 30 min 后)。

(3)检查室内机出水是否顺畅,可用水从室内机蒸发器淋下,检查出水情况。

二、工具的使用方法

1. 冲击钻

冲击钻是用来对混凝土地板、墙壁、砖块、石料、木板和多层材料进行冲击打孔,供膨胀螺栓或空调的管道、导线、排水管穿墙孔使用的工具。冲击钻的使用方法如图 4-11 所示。

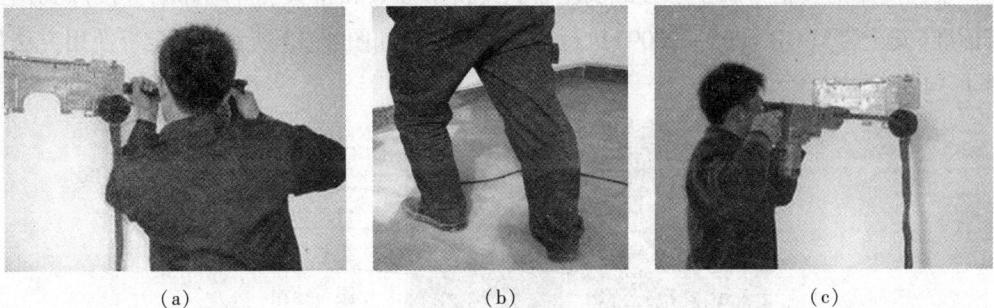

(a)   (b)   (c)

图 4-11 冲击钻的使用方法

(1)用右手握住电钻带开关的手柄,再用左手握住并扶正电钻左侧的手柄。

(2)打孔操作时的人体姿势应调整为身体上部重心前倾,与水平成 85°角,用右手握住开关的手柄,将电钻扩孔器由水平向上提高 5°后,由上向下推力打孔,并且给左侧手柄一个水平固定力。身体下部姿势见图4-11(b)，正确姿势应为左腿在前，右腿在后，成"弓"字步。打孔过程中，要及时清除钻孔内的灰尘，遇到墙体湿度大或电锤用力不均匀、扩孔器与墙孔不同心的情况时，粉尘与墙孔会卡住扩孔器，这将随时导致电钻的顺时针方向产生很大的扭矩力，此时应迅速松开电锤手柄上的开关，以防止电锤击伤牙齿或脸部。当接近打透墙孔前可听其声音判断，轻轻用力推动直至打通墙孔。

2. 水平仪

水平仪是一种测量小角度的常用量具。在机械行业和仪表制造中，用于测量相对于水平位置的倾斜角、机床类设备导轨的平面度和直线度、设备安装的水平位置和垂直位置等，尺式水平仪操作方法见图4-12。

（a）室内机挂墙板检测方法　　　　　（b）室外机支架固定位置后的检测方法

（c）室外机支架固定后使用水平仪检测步骤

图4-12　尺式水平仪操作方法

3. 安全带

空调使用的安全带属于悬挂式安全带，其技术参数和检验、检测标准应按照我国国家标准《安全带》(GB 6095—2009)执行。安全带结构如图4-13所示。安全带使用方法如图4-14所示。

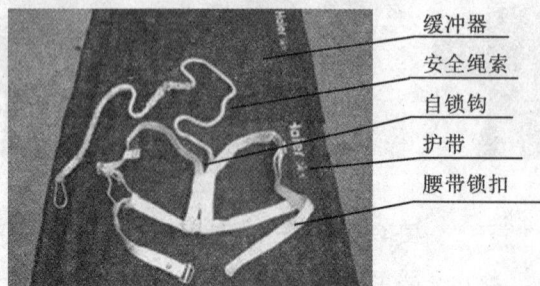

缓冲器

安全绳索

自锁钩

护带

腰带锁扣

图4-13　安全带结构

（a）步骤1　　　　　（b）步骤2　　　　　（c）步骤3

图 4-14　安全带的使用方法

三、家用空调器安装工艺流程

家用空调器的安装要按照一定的工艺流程来进行，如图 4-15 所示。

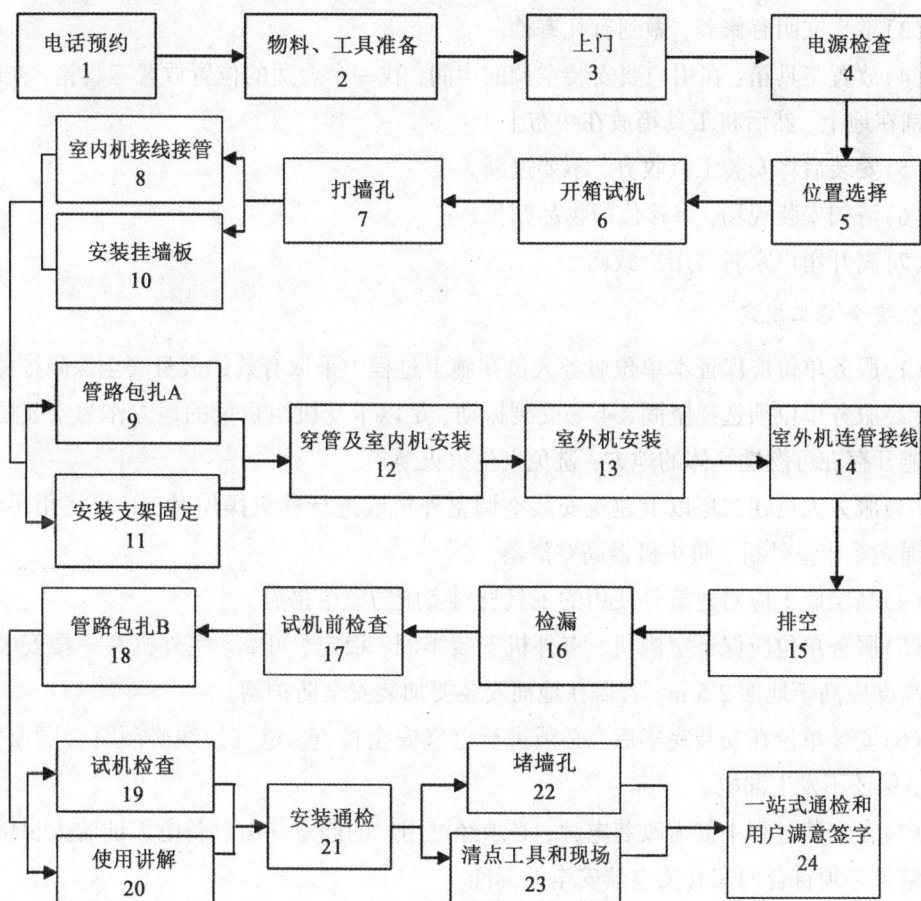

图 4-15　家用空调器安装的工艺流程图

四、安装注意事项

（1）安装时，一定要注意空调器室内机、室外机的连接管道的盘结与展开时的操作，注意不要造成连接管道出现压瘪或死弯现象。

（2）连接管拆卸后应将连接管喇叭口、铜螺母和高低压截止阀阀口密封好，以防脏物、灰尘进入制冷系统引起"脏堵"。

（3）安装后，要仔细进行系统检漏。

五、空调安装的行为规范及安全施工规定

1. 安装行为规范

（1）出发前应自检：工具箱、垫布干净；工具箱内工具整齐，零部件放置整齐，且不出现遗漏、错误；所穿工作服要干净整洁、无破损；仪容仪表整洁。

（2）敲用户家门前，要检查和整理自己的仪容仪表；敲门后见到用户要问好，出示上岗证，进行自我介绍，文明交流；进门时要穿鞋套。

（3）举止文明有修养，做到有礼有德。

（4）放置工具箱：在用户要安装空调的房间，找一个合适的位置放置工具箱，先取出垫布铺在地上，然后将工具箱放在垫布上。

（5）安装后将安装工具收齐，不要遗漏。

（6）清扫安装现场，将移位的物品归位。

（7）离开用户家时向用户致谢。

2. 安全施工规定

（1）服务单位应保证本单位服务人员在施工过程中采取有效的人身安全保障措施。

（2）服务单位须选择坚固、不易受到振动、足以承受机组重量的地方作为安装位置，并且避开存在可燃性气体的地方，避免发生火灾。

（3）服务人员在二层以上建筑安装空调室外机或进行移机操作时，必须使用足够强度的绳索系牢室外机，防止机器高空滑落。

（4）高层施工应对建筑外使用的工具材料实施防坠落措施。

（5）服务单位应保证室内机、室外机安装牢固、稳定、可靠。室外机在一楼安装时，安装高度应高于地面2.5 m。若需在地面安装要加装安全防护网。

（6）安装单位在安装完毕后，必须进行电气安全检查。电气接线必须符合国家安全标准，保证不发生漏电。

（7）在安装过程中如需改装电源，必须经过用户的同意并由具备电工证的人员施工，施工结果必须符合国家有关电器安全的标准。

（8）服务人员在试机前应对电源进行确认，保证其符合机器的使用要求。

（9）服务人员在对空调器进行试运行时，必须对机壳各部位进行检查，若有漏电现象应立即停机进行检查。确属安装问题应解决后再次进行试运转，直至空调器运转正常。

（10）服务人员在安装维修时若发现用户的电源存在安全隐患，必须向用户提出，并采取一定的解决措施。

（11）服务人员在拆装机壳及带电部件前，必须将电源断掉，避免发生触电。

(12)服务人员在使用焊接工具时，必须严格遵守国家有关部门的规定，并由持有劳动部门颁发的操作证的人员进行。

(13)服务人员在压磅检漏时，必须使用氮气进行压磅，严禁使用其他易燃易爆气体。

(14)服务人员在维修过程中进行放氟时，不得面对工艺口或对着他人放气，避免被氟利昂冻伤。

(15)服务人员在安装、维修空调时，应保证空调器使用时不危害他人的安全。

(16)服务人员在安装过程中需要小心操作，避免出现滑倒、割伤、划伤、蹭伤、烧伤、触电、坠落等意外事故，在焊接时注意保护眼睛。

(17)服务人员上门服务需注意交通安全。

第二节　分体式空调器的移装

【知识目标】

(1)掌握将系统中的氟利昂回收到室外机中的方法。

(2)进一步巩固分体式空调器的安装技术。

【能力目标】

能正确使用空调器的移装工具，并完成空调器的移装。

【相关知识】

一、工具设备及材料

工具设备及材料主要有：待移分体挂壁式空调器一台、冲击钻、铁锤、力矩扳手、活络扳手、内六角扳手、一字形和十字形旋具、钢丝钳、錾子、卷尺、水平尺、扩口器、割刀、万用表、钳形电流表、电工刀、温度计、检漏仪、肥皂水或洗涤剂、PVC 包扎带、橡皮泥、水泥钢钉、膨胀螺丝等。

二、操作过程

1. 收取制冷剂

在拆卸空调器的连接配管之前，必须首先将系统内的制冷剂收取到室外机的冷凝器中。具体的操作方法为：关闭室外机侧面的供液截止阀，启动压缩机。这时，压缩机、冷凝器、毛细管一路中的制冷剂将在供液截止阀处被截止，蒸发器和配管中的制冷剂被压缩机通过回气截止阀吸入并压缩排入冷凝器。运转 3~5 min 后，室内机蒸发器和配管中的制冷剂基本上都被收取干净。如给回气截止阀处的旁通阀接上一只压力表，可在收取制冷剂的过程中，观察压力表指针的变化情况。当压力表稳定指示在-0.1 MPa 处不再回升时，便可结束收取。确定可以结束时，首先要关闭回气截止阀（此时供液截止阀始终处于关闭状态），之后可拧下两只截止阀处的连接配管螺母，并将截止阀口用阀盖旋紧，以免污物进入截止阀。然后可分别拆卸室内机、室外机及连接配管。

收取制冷剂示意图如图 4-16 所示。具体操作步骤如下：

(1)旋下回气截止阀和供液截止阀的阀盖，确认阀门处于开放位置；

(2)启动空调器 10~15 min；

(3)使空调器停止运转并等待 3 min 后，将复合修理阀的软管接至供液截止阀的维修口；

(4)打开复合修理阀的低压阀，将软管中的空气排出；

(5)使空调器在冷气循环方式下运转，然后将供液截止阀调至关闭位置（用内六角扳手将阀杆沿顺时针方向旋转到底），当表压力为-0.1 MPa 时，迅速将回气截止阀调至关闭位置，并立即拔下空调器电源插头，停止空调器运转；

(6)旋下复合修理阀的软管，重新旋上回气截止阀和供液截止阀的阀盖和维修口盖。

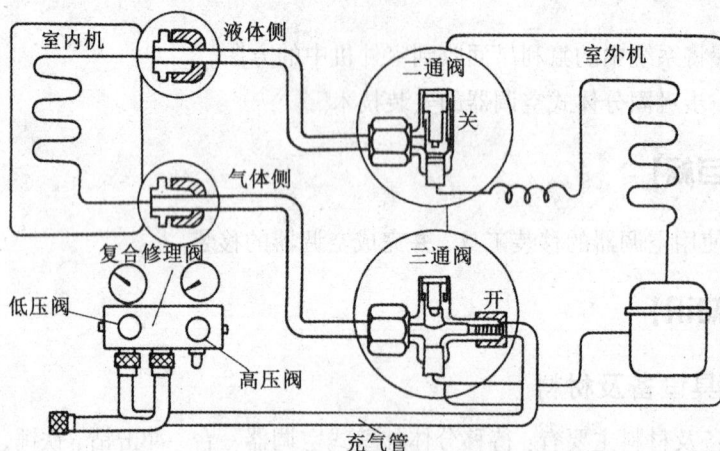

图 4-16 收取制冷剂示意图

2. 拆机和搬迁

在拆卸室内机、室外机前，应首先将室内机、室外机的电气连接线拆掉。拆除导线时要打开接线端子防护装置，拧压接线端子，并按号码或颜色记录下每条导线的接线位置。然后可以将室内机从室内挂板上取下，连同配管和导线从穿墙孔中抽出。如移装的位置时间比较方便，可不单独拆卸配管。如需拆卸配管，可沿配管用手触摸连接口所在处，打开保温套，将连接螺母松开，便可使室内机和配管分离。

室外机的拆卸主要是从支撑架上取下室外机。首先应将支撑架上的固定螺栓旋下，操作中应特别注意安全，防止发生人身事故。拧下螺栓后，用安全绳捆扎室外机，然后将室外机吊送至室外地上或抬至室内。至此,室内机、室外机均被拆卸掉。拆卸下来的配管两端应作封口处理,避免灰尘进入管内。

3. 安装

按照第四章第一节中所讲的分体式空调器的安装方法进行安装。

4. 排出空气

再次安装空调器时,由于室外机中已经没有多余的制冷剂,因此,要外接制冷剂瓶或用抽真空法来排出配管和室内机中的空气。其操作步骤如下。

(1)用外接制冷剂瓶排除空气。

①取下液体侧(细管)的三通阀阀盖和维修口盖,接上制冷剂瓶。

②取下气体侧(粗管)的三通阀阀盖和维修口盖,接上带压力表的双表修理阀,如图4-17所示。

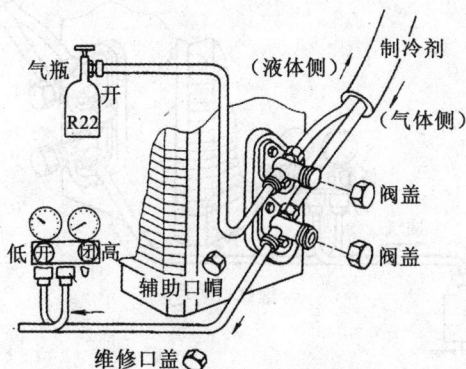

图4-17 连接气瓶和双表修理阀

③先打开修理阀,然后打开制冷剂瓶5 s,之后关闭制冷剂瓶,等管路中无气体排出时,打开制冷剂瓶3 s,停1 min,如图4-18所示。如此重复3次或1次连续放气10 s,当管路气体快要排完时,关闭双表修理阀,此时空气排除完毕。

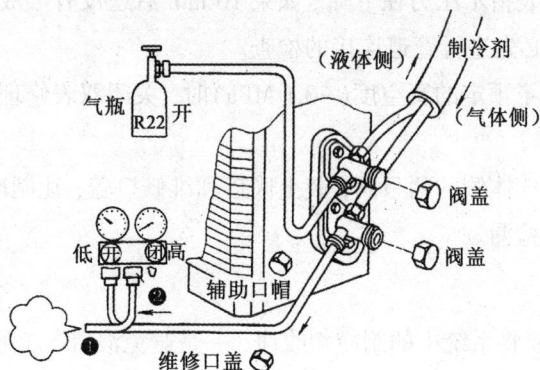

图4-18 放空气

④拆下双表修理阀和制冷剂瓶。

⑤将三通阀阀杆按逆时针方向转动至全开。

⑥装上三通阀阀盖和维修口盖。

⑦对接头处进行检漏。

(2)抽真空排除空气。

对于制冷量较大的分体式空调器,一方面为了将空气排除彻底,另一方面为了节省排除空气用去的制冷剂,可以用抽真空法排除空气。

抽真空排除空气的操作过程如下。

①按照图4-19所示连接真空泵和双表修理阀。

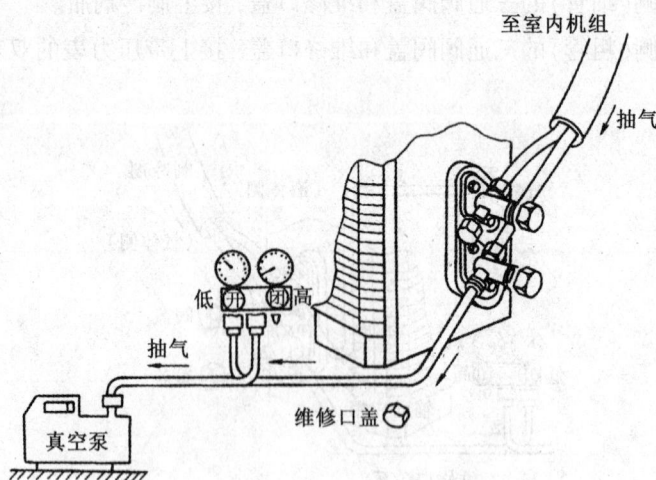

图4-19 连接真空泵和双表修理阀

②关闭双表修理阀上的高压阀,打开低压阀。

③接通真空泵电源,抽真空10 min。

④确认真空压力表指示压力在下降。如果10 min后还没有形成真空状态,则应考虑喇叭口加工不良,务必先进行管道连接的检查。

⑤10 min后达到了预定的真空度(-0.1 MPa)时,关闭双表修理阀的低压阀,停止真空泵运行。

⑥打开液体侧和气体侧的两只阀,装上阀盖和维修口盖,让制冷剂形成循环回路。

⑦对接头处进行检漏。

三、注意事项

(1)拆卸前一定要将系统中的制冷剂收净,一是避免浪费,二是避免污染空气。

(2)拆卸与安装时,一定要注意空调器室外机组的连接管道的盘结与展开时的操作,注意不要造成连接管道出现压瘪或死弯现象。

(3)连接管拆卸后应将连接管喇叭口、铜螺母和高低压截止阀阀口密封,以防脏物灰尘进入制冷系统引起脏堵。

(4)再次安装后,要仔细进行系统检漏。

四、分体式空调补充制冷剂方法及注意事项

1.补充制冷剂方法

让分体式空调器在制冷模式下正常运转 10 min。分别用温度计、钳形表、压力表测量运行中空调室内机的进、出风口温差,整机运行电流和气管截止阀的压力。如果测量发现,整机电流小于额定电流,室内进、出风口温差小于 8 ℃,低压侧压力小于 4.5 MPa(房间温度 30 ℃),则表明该分体式空调器制冷剂不足,需补充制冷剂,操作方法如下。

(1)将加液软接管的一端与氟利昂钢瓶接好,另一端接上液管的三通阀,但不要旋紧。微微打开氟利昂钢瓶的阀门,将加液软管里的空气排空后旋紧。

(2)在开机状态下先后打开氟利昂钢瓶上的阀门和气管截止阀,让气态制冷剂缓缓地吸入制冷系统。加制冷剂过程中要密切监视压力表和钳形表,达到额定值后,立即关闭氟利昂钢瓶上的阀门,旋下加液管。

2.补充制冷剂注意事项

(1)补充制冷剂前,必须先把加液软管中的空气排尽。

(2)补充制冷剂时,应随时监测整机电流和压力,以防止制冷剂添加过量。

(3)补充制冷剂时,空调器应运行在制冷状态。

第三节 分体式空调器控制电路连接与调试

【知识目标】

(1)掌握分体式空调器的控制电路,能读懂电路图。
(2)掌握分体式空调性能的检测方法。

【能力目标】

(1)能正确连接分体式空调器的控制电路。
(2)能正确检测分体式空调性能。

【相关知识】

要想对分体式空调器的控制电路进行连接,首先要读懂控制电路图,熟悉电路各元器件的名称、结构及作用;连接后会对空调器进行性能测试,检验控制电路连接得是否正确。

一、分体式空调器常见控制电路

分体式空调器的控制线路由室内机控制电路、室外机控制电路和遥控器电路组成。遥控器发射控制命令，微电脑处理各种信息并发出指令，控制室内机与室外机工作。图4-20是热泵型分体式壁挂式空调器的控制电路简图。

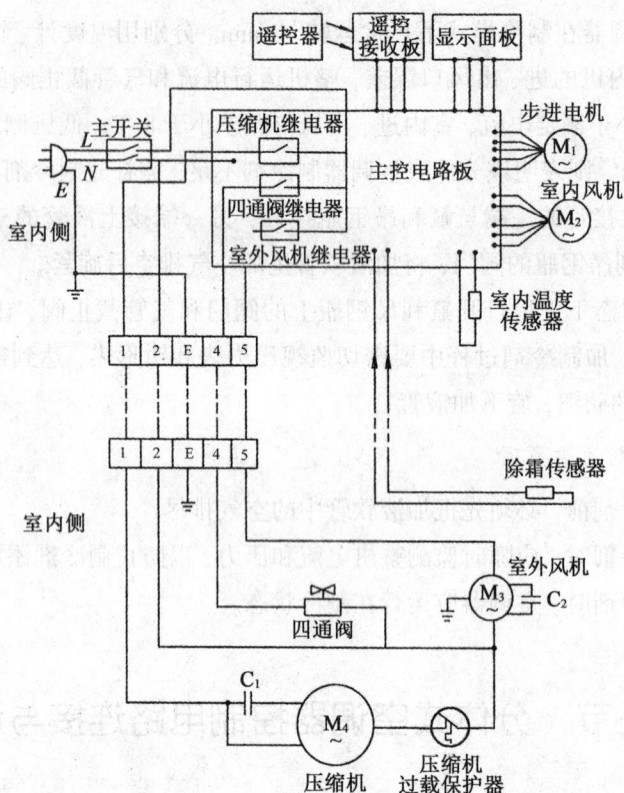

图 4-20　热泵型分体式壁挂式空调器的控制电路简图

电路具体工作过程如下。

1. 制冷运行

分体式空调器制冷运行的温度范围设定为 20~30 ℃。当室内温度高于设定温度时，微电脑发出指令，压缩机继电器吸合，于是压缩机、室外风机运转。制冷运行时，室内风机始终运转，可选择高、中、低任意一挡风速。当室温低于设定温度时，压缩机、室外风机停止运行。

2. 抽湿运行

分体式空调器进行抽湿时，室内风机、室外风机和压缩机先同时运转，当室内温度降至设定温度后，室外风机和压缩机停止运转，室内风机继续运转 30 s 后停止，5.5 min 后再同时启动室内机、室外机，如此循环进行。

3. 送风运行

分体式空调器送风运行时，可选择室内机的自动、高、中、低任意一挡风速，但室外风机不工作。

4. 制热运行

分体式空调器进入制热运行时，可在14~30 ℃以1 ℃为单位设定室内温度。当室内温度低于设定温度时，压缩机继电器、四通阀继电器、室外风机继电器吸合，空调器开始制热运行。

5. 自动运行

分体式空调器进入自动运行工作状态后，室内风机按照自动风速运转，微电脑根据接收到的温度信息自动选择制冷、制热或送风运行。

二、分体式空调器电源插座的安装要求和安全使用规范

(1)电源插座应配备在空调器电源线易于插接的地方，并且必须配有地线，以保证空调器的接地端通过电源插座良好地接地。三线插座中，地线和零线必须严格分开，将地线与零线接在一起是错误的。电源插头和电源插座的接线方法和要求："L"标识必须接在火线上；"N"标识必须接在零线上；"⊥"或"E"标识必须接在接地线的端子上，并连接牢固。

(2)空调长时间不使用时，应必须将空调器的电源断掉，否则会引起空调器的主电脑电路老化，造成不必要的功耗，存在着不必要的安全隐患。

(3)使用规定容量符合空调器要求的保险丝或开关，以达到对人身和机器的正常保护。

(4)空调器的接地线必须严格按照电工安全操作规范进行操作，不要接在气体管道、自来水管道、避雷针和电话地线上，否则会将外部带电物体引到空调器的金属外壳上。

不同制冷量的空调器应选择的电源插座电流容量具体如下。

①空调器1.0~1.5匹机型，选择电源插座电流容量应必须大于10 A，否则将会使空调器无法正常使用。开关电流容量选择过大，空调器得不到迅速保护；开关电流容量选择过小，引起电源开关发热，产生安全隐患。

②空调器1.6~2.5匹机型，选择电源插座电流容量应必须大于15 A，否则将会使空调器无法正常使用。开关电流容量选择过大，空调器得不到迅速保护；开关电流容量选择过小，引起电源开关发热，产生安全隐患。

③空调器2.6~3.0匹机型，选择电源插座电流容量应必须在16~30 A，否则将会使空调器无法正常使用。开关电流容量选择过大，空调器得不到迅速保护；开关电流容量选择过小，引起电源开关发热，产生安全隐患。

三、分体式空调器性能检测

1. 新装的分体式空调器是否接近名义制冷量的状态

新安装的分体式空调器除了能运转各主要功能外，还需从以下四个方面进行解释说明，以确认空调器的性能是否达到正常交货状态。

(1)室内机进、出口风温差测试。冷气运转 15 min 后应达到 8 ℃以上，暖气运转 15min 后应达到 14 ℃以上，说明空调器制冷和制热状况良好。

(2)通过运转电流测量，当电流接近额定电流时属正常运转。如电流过大，说明空调器有故障而处于过载状态；如电流过小，说明压缩机处于轻载状态，制冷量不足。

(3)通过对制冷系统运转中压力的测定，说明空调器是否在正常运转。制冷时，室内换热器制冷剂气体的排出压力(回气压力)在 0.4~0.6 MPa 表压时属正常；制热时，室内换热器的进口压力(压缩机排气压力)在 1.5~2.1 MPa 表压时属正常。如压力偏离以上两个数值范围太大，则空调器运转不正常。

(4)观察冷凝水的排放，判断空调器是否运转正常。当空调器在强风挡运转 15 min 后，排水管中有冷凝水流出时，说明出风温度已低于空气露点，空调器的制冷效果良好；如果没有冷凝水排出，则说明空调器的制冷效果不好。

2. 从高、低压力来判别空调器是否已正常工作

由于大多数分体式壁挂空调器的毛细管安装在室外机组中，因此制冷时室外机组上的两只阀都处于制冷系统的低压侧。在制冷工况下，小口径阀中流过的是节流后的低压制冷剂液体，大口径阀中流过的是从蒸发器来的低压气体(回气)。这种情况下，从两只阀上接出的压力表所测压力都是制冷系统的低压，无法测到制冷系统的高压。

制冷工况下，从大口径阀的接头上接出压力表，其表压为 0.4~0.6 MPa 时，表示蒸发压力正常，空调器处于良好的运转状态；压力高于 0.6 MPa 时，可能是冷凝器放热受阻或制冷剂过多；压力低于 0.4 MPa 时，则可能是毛细管堵塞或制冷剂不足。

制热工况下，由于四通阀的换向，大口径阀上接出压力表测得的是制冷系统的高压，即压缩机的排气压力，而低压无法测量。当表压为 1.5~2.1 MPa 时，表示冷凝压力正常，室内换热器放热正常；当高压过高，即超过 2.1 MPa 时，表示制冷系统有堵塞或制冷剂过多；当压力过低，即低于 1.5 MPa 时，表示制冷剂过少或压缩机接触不良。

3. 从运行电流来判别空调器是否正常工作

空调器正常运行时，在强风挡下(即满负荷运行)，其运行电流应接近额定电流。如电流过大，则说明空调器的压缩机处于过载状态，制冷系统局部有问题；如果电流过小，则压缩机处在轻载状态下，功率未充分发挥。

4. 从室内机进、出风口温度差来判别空调器是否正常工作

空调器运行时，在制冷时，室内换热器要充分地吸收室内空气的热量，使进、出口空

气形成较大的温差。一般当该温差大于 10 ℃时制冷效果良好，低于 10 ℃时则制冷效果不好。相反，在制热时，室内换热器要充分地给室内空气放热，使进、出口空气形成较大的温差。一般当该温差大于 14 ℃时制热效果良好，低于 14 ℃时制热效果不佳。

5. 从冷凝水排水检查来判别空调器是否正常工作

空调器制冷运行时，室内机组正常的出风温度为 12~16 ℃，与设定的室内空气温度有 8 ℃以上的温差，此温度值已低于室内空气的露点。当室内空气进入机组内冷到露点时，空气中的水蒸气就冷凝成水，经接水盘收集后由排水管排出。空调器正常运行 15 min后应该有冷凝水排出，并呈连续滴水状态。如果排不出冷凝水，或间断排出较少的冷凝水，则说明空调器出风温度高，制冷效果差；相反则说明空调器制冷效果正常。

6. 出风口温度

出风口温度一般在 10~16 ℃(不同品牌、不同环境时，温度会受到影响)，虽然回气温度(室温)会直接影响室内机的出口温度，但更会影响到压缩机的排气温度，这就引申出压缩机的工作安全问题(设计时是绝不允许的)。所以可根据气温太高来理解出风口温度偏高，但不能以某个温差值来推算室内机出风温度。

四、注意事项

(1)反复确认接线无误，并且各元件为正常状态时，方可接通电源进行试机。

(2)牢记安全用电规程，不可麻痹大意。

第五章 家用电冰箱故障判断与维修

由于电冰箱在家庭中的应用越来越广泛，电冰箱的维修工作量也日益增多。家用电冰箱的维修包括家用电冰箱常见故障的分析与排除、电气控制系统的维修操作、制冷系统的维修操作及各种部件的更换方法等。按照电冰箱的结构组成，其故障主要发生在制冷系统、电气控制系统。制冷系统的故障主要包括：压缩机不能启动，压缩机运转后不能停机，制冷系统堵塞、泄漏，制冷量不足，冷凝温度高，蒸发温度低，制冷系统部件损坏，等等。电气控制系统的故障主要包括：温度控制器损坏或控温失调，启动继电器和过热保护器损坏，压缩机电机损坏，电路接线有错误，门灯开关失灵，照明灯烧毁，电热化霜电路故障，等等。电冰箱出现故障的情况有很多种，这就要求维修电冰箱时应掌握故障分析及排除的一般方法，并辅之相应的维修方法，才能保证质量，提高维修效率。

第一节 家用电冰箱维修的原则和方法

【知识目标】

(1)掌握电冰箱维修的基本原则。

(2)掌握电冰箱制冷系统故障检查的一般方法。

(3)掌握电冰箱电气控制系统故障的检查方法。

【能力目标】

(1)能遵循电冰箱维修的基本原则对电冰箱进行初步检测。

(2)能通过电冰箱故障检查方法对电冰箱故障作初步判断。

【相关知识】

一、电冰箱维修的基本原则

电冰箱的维修要结合构造，联系原理，搞清现象，具体分析。应遵循从简到繁，由表及里；按照系统分段，推理检查。

先从简单的、表面的分析入手，而后检查复杂的、内部的；先按照最可能、最常见的原因查找，再按照可能性较低的、少见的原因进行检查；先区别故障所在的系统，如电气控制系统、制冷系统，而后按照系统分段，依一定次序推理检查。简单地说，就是筛选及综合分析，了解故障的基本现象后，便可根据电冰箱构造及原理上的特点，全面分析产生故障的可能原因；同时根据某些特征判明产生故障的原因，再根据另一些现象进行具体分析，找出故障的真正原因。

必须根据电冰箱的构造和工作原理进行故障分析。故障发生后，要遵循"先想后动"的原则，严禁盲目乱拆、乱卸。因此，拆卸只能作为在经过缜密分析后而采用的最后措施。

二、电冰箱制冷系统故障检查的一般方法

电冰箱的结构较复杂，出现某种故障的原因可能多种多样。实践证明，正确地运用"一看、二听、三摸"的方法，能比较有效地分析、判断出现故障的原因。

1. 看

电冰箱在正常工作状态下，蒸发器表面的结霜应该是均匀的。因而判断电冰箱故障时应首先查看蒸发器的结霜情况。

(1)正常工作的直冷式电冰箱蒸发器的表面应有霜且霜层均匀、厚实，若发现蒸发器无霜，或上部结霜、下部无霜，或结霜不均匀、有虚霜等现象，都说明电冰箱制冷系统工作不正常。如果出现周期性结霜情况，说明制冷系统中含有水分，可能出现冰堵。若电冰箱工作很长一段时间后，蒸发器仍不结霜，说明制冷系统可能有泄漏。

(2)观察毛细管、干燥过滤器局部是否有结霜或结露，若有，则表明局部有堵塞现象。观察压缩机吸气管中是否结霜、箱门过滤器局部是否凝露，由此可判断制冷剂是否过量，防露管是否有故障。再观察制冷管路系统，主要观察管路的接头处是否有油迹。管中外部若有油迹出现，说明此处制冷剂有渗漏。由于制冷剂有很强的渗透力并可与冷冻油以任意比例互溶，故若有油迹，则说明有制冷剂渗漏。

2. 听

听是指用耳朵去听电冰箱运行的声音。电冰箱正常工作时，压缩机会发出微弱的声音，这时高压液态制冷剂通过毛细管进入低压蒸发器内，进行蒸发器吸热制冷。打开箱门，将耳朵贴在蒸发器或箱体外侧，即可听到有气流声，这说明电冰箱工作正常。若有以下声音则属不正常现象：

(1)接通电源后，听到嗡嗡声，说明电机没有启动，应立即切断电源；

(2)听到压缩机壳内发出嘶嘶声，这是压缩机内高压缓冲管断裂后，高压气体窜入机壳的声音；

(3)压缩机在运行过程中若发出"铛铛"的异常声时，说明这是压缩机外壳内吊簧松脱或折断、压缩机倾斜运转后发出的撞击声；

(4)若听到嗒嗒声，这是压缩机内部金属的撞击声，表明内部运动部件因松动而碰撞；

（5）若听不到蒸发器内的气流声，说明制冷系统产生脏堵、冰堵或油堵；若听到的气流声很小，说明制冷剂已基本漏完。

3. 摸

摸是指用手触摸冰箱各部分的温度。用手摸有关部件，以感觉其温度情况，可分析、判断故障所在的部位。

（1）在室温为 30 ℃时，接通电冰箱电源运行 30 min 后，用手触摸排气管，此时应感到烫手。冬季触摸应有较热的感觉。

（2）用手触摸冷凝器表面温度是否正常。电冰箱在正常连续工作时，冷凝器表面温度约为 55 ℃，其上部最热、中部较热、下部微热。冷凝器的温度与环境温度有关。冬天气温低，冷凝器温度低一些；夏天气温高，冷凝器温度高一些。

手摸冷凝器时应有热感，但可长时间放在冷凝器上，这是正常现象。若手摸冷凝器进口处感到温度过高，这说明冷凝压力过高，系统中可能含有空气等不凝结气体或制冷剂过量。若手摸冷凝器不热，蒸发器中也听不到嘶嘶声，这说明制冷系统在干燥过滤器或毛细管等部位发生了堵塞。

（3）用手触摸干燥过滤器表面温度。正常工作时，应与环境温度相差不多，手摸应有微热感觉（约 40 ℃）。若出现明显低于环境温度或有结霜、结露现象，说明干燥过滤器内部发生脏堵。

（4）用手沾水贴于蒸发器表面，然后拿开，如有粘手感觉，表明电冰箱工作正常。若手贴蒸发器表面不粘手，而且原来的霜层也化掉，表明制冷系统内制冷剂过少或过多。

通过上述的看、听、摸之后，再次按照表 5-1 所列的方法进行区别，即可大致分析出制冷系统故障发生的部位和程度。由于电冰箱是多个部件的组合体，各个部件之间相互影响、相互联系，因此在实际维修过程中，只掌握个别故障现象，很难准确地判断出故障发生的部位。若需进一步分析判断故障的准确部位及故障程度，需用有关仪表对电冰箱进行性能检测。

表 5-1　电冰箱制冷系统故障现象比较

故障	故障情况	运行时外观检查			切断毛细管时喷气	
		蒸发器气流声	蒸发器冷感	冷凝器热感	与蒸发器连接端	与干燥过滤器连接端
制冷剂泄漏	大	大	无	无	无	无
	小	小	小	小	小	不大
脏堵	严重	无	无	无	无	多
	微	小	小	小	小	多

表 5-1(续)

故障	故障情况	运行时外观检查			切断毛细管时喷气	
		蒸发器气流声	蒸发器冷感	冷凝器热感	与蒸发器连接端	与干燥过滤器连接端
冰堵	—	开始有	开始有	开始有	小	多
压缩机效率下降	大	无	无	无	有	多
	小	小	小	小	有	多

三、电冰箱电气控制系统故障的检查方法

1. 电气线路及负载的检测

检查电冰箱的电气线路故障,可以通过测交流电压或者测直流电阻的方法来查找故障部位。

(1)测交流电压法。

①通电前,检查其外壳是否带电。最简便的方法是:用万用电表的直流电阻大倍率(×10k 或×1k)挡,测电冰箱三芯电源插头上接 220 V 电源的两个头与接外壳(即接"地")的头之间的直流电阻。正常时,万用电表的指针应不动(即阻值为"∞")。如 $R=0$ 或指针明显偏转,则说明通电后,其外壳带电。如判断结果是外壳带电,则必须采用其他方法(如测直流电阻法)测量,找出通地部位且予以排除后,才能继续通电检查。

②测量电源电压。用万用电表 250 V 交流电压挡,测量电源电压,看其是否正常。家用电冰箱电源电压范围为(220±10%) V,即只要电源电压在 198~242 V,则应能正常使用。如电源电压不正常,可用调压器或交流稳压器使电源调到 220 V,然后再检查电冰箱。

③测量负载上的电压。当电源电压正常时,再测量负载上的电压。负载上应得到 220 V 电压,才能正常工作。在断电的状态下,想办法露出负载电路的连接点,插上电源插头,测负载两端有没有 220 V 交流电压。如果有,则表明电气线路连接及各种控制器件工作正常,应重点检查该负载及直接对该负载起控制作用的器件(如电容器、启动继电器等);如果没有,则说明电气线路异常(不通),可先排除负载本身,重点检查电气线路的连接是否完好、温控器是否正常、保护继电器是否断路等。

在测交流电压时,各功能开关应处于闭合状态。由于在通电状态下测量电压,所以应注意操作时的安全。

（2）测直流电阻法。

图 5-1 所示为电冰箱电气线路检测电路图，下面以此图为例来说明检测方法。

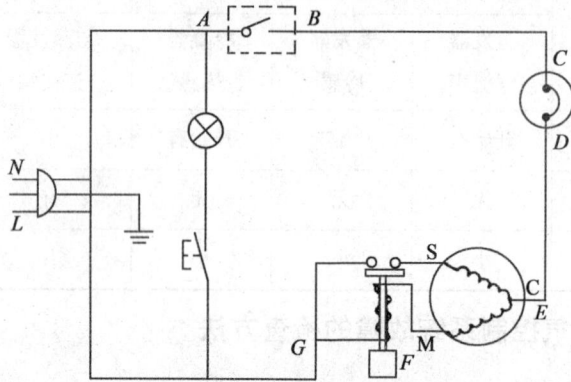

图 5-1　电冰箱电气线路检测电路图

①分析电路。该电路由压缩机电机和照明灯两个负载所在支路并联而成。在照明灯所在支路断开（如将电冰箱门关闭）时，则只有压缩机电机回路可能得电。在室温下，温控器电触点应处于闭合状态（因为肯定高于温控器的开点），过电流、过温升保护继电器也应该是闭合的；重锤式启动继电器的电触点虽然断开（即压缩机电机的启动绕组回路不通），但与运行绕组串联的线圈应该是通的。

②测量方法。用万用电表的直流电阻挡测量，可选×1 或×10 挡测量，并在电冰箱断电的状态下测量。测电源插头的 N 和 L 插头端。正常时，应能测到一定的直流电阻值。这一直流电阻，就是压缩机电机中运行绕组的直流电阻。

③测定故障点。如果电阻为"∞"，表明电气线路有故障。检查电气线路中的断路点，可将万用电表的一根测试表棒（如红表棒）与电源插上的一个头（如 N）接触（可用手将红表棒与电源插头上的 N 端捏紧）。按照电路的连接情况，用另一根表棒（如黑表棒）依次测电路中的 A，B，C，D，E，F，G 等各点，一直测到电源另一个插头。如测得前面一点通，而后面一点不通，则断路点便在这两点之间的部分。故障点可能是控制器件，也可能是连接导线。通过这样的逐点检测，电路中的断路点是很容易被发现的。

④多负载去路检测。对于有几条负载支路的电冰箱，根据电路特点，利用各功能选择开关或控制器件，断开一条或数条支路，单独检测重点怀疑的存在故障的那条支路。

（3）短接法。

在电冰箱电气系统中，对电机、电加热器等负载进行控制的各种器件，往往都是通过其与负载串联的电触点来实施的，如启动继电器、温度控制器、过电流、过温升保护继电器等。

①短路故障元件。为了判断故障是否由某一控制器件造成，可用一根粗导线将其对应的电触点短接。如短接后，故障现象消失，则可确定该控制器有故障，可将其拆下后更换或修理。

②故障部位区分。对于采用电子线路或单片微电脑控制的电冰箱，出现故障后，由于整个电路的复杂性往往难以入手进行检查，这时可用短接法初步将故障部位分开。

因为控制电路总是通过继电器或双向晶闸管对负载（电机或电加热器）进行控制，而继电器的电触点或双向晶闸管的两个主电极一般总是与负载串联。所以，应找到继电器的电触点或双向晶闸管的两个主电极，然后用导线将其短接。如短接后，故障现象消除，则故障部位在以集成电路或单片微电脑为核心的电子控制电路中；如故障现象依旧，则不要先急于检查电子控制电路，而应该先查控制板以外的部分，如电机、电加热器、保护继电器、熔断器等。

2. 电机的检测

家用电冰箱的电机有：驱动压缩机工作的压缩机电机、间冷式电冰箱上强制冷空气循环的风扇电机等。

压缩机电机出现故障，电冰箱便不能工作。电机的常见故障有绕组断路、绕组短路及漏电等。

（1）绕组断路检测。用万用电表直流电阻挡（R×1挡）测三个接线端。如果某两端之间的电阻为∞，则表明电机绕组已断路。对于采用内埋式保护继电器的压缩机，保护继电器电触点接触不良，也会得到这个检测结果。发现此类故障，一般只能更换压缩机。

（2）绕组断路检测。如测得某两端直流电阻为零或阻值极小（远小于正常值），则表明电机绕组出现短路。产生匝间短路的原因，主要是绕组受潮、漆包线质量不好、过负荷运转等。如严重短路，则通电后不但不运转，还会使电源保险丝熔断；如少量匝间短路，则通电后，由于电流较大，不一会儿便会使保护继电器动作，切断电机的电源。可用钳形表测一下运转电流值，帮助确定是否存在匝间短路。

（3）绕组漏电检测。全封闭式压缩机漏电原因有漆包线受潮、磨损而使其绝缘破坏且与铁心相碰等。绕组通地时，会使电冰箱通电后，其金属外壳带电。用万用电表电阻挡（×1k）检查时，一根测试表棒与电机三个接线端中的任意一个接触，另一根测试表棒与压缩机的金属外壳接触。正常时，电阻值应为∞。如电阻为零或有明显的直流电阻值，则说明已产生漏电故障。这种压缩机是不能通电的，只能更换。

（4）绕组绝缘性能检测。用万用电表测得电机绕组与外壳之间的电阻为∞，并不能表明压缩机的绝缘一定是好的，测绕组与外壳之间的绝缘电阻应该用兆欧表（即摇表）。测量方法是将兆欧表的两根接线，一根接在压缩机的三个接线端中的任意一个上，另一根接在压缩机的金属外壳上。然后以120 r/min的转速匀速摇动兆欧表的手柄，绕组与外壳之间的绝缘电阻正常时应在2 MΩ以上，如小于1 MΩ，则表明压缩机电机绕组与铁心之间的绝缘物质的绝缘性能已下降。

3. 电加热器的检测

电冰箱中，有化霜加热器、接水盘加热器、排水管加热器、温控器加热器等。电加热器的功率有大有小，其中功率最大的是化霜加热器。一般说来，电加热器的功率越大，其直流电阻越小。

4. 冰箱电容的检测

(1)冰箱电容。冰箱上采用电容分相式电机的都要用到电容器。压缩机电机电容器容量较大，为几十微法，而且均为交流电容器，无正、负极。其外形有圆柱形和方形两种。

(2)电容检测方法。用万用表 R×1k 或 R×100 挡测量。先将电容器两个接线端短接，再用万用表两根表棒与电容器两个接线端接触。正常时，万用表的指针应先向右偏转一个角度，后逐渐返回到最左端(∞ 处)。

(3)电容故障现象。如万用表指针在开始时一下便到最右端($R = 0$ 处)，且不再动，则表明电容器中的电介质已被击穿。如万用表指针在开始时便不动，一直指在最左端(∞ 处)，则说明电容器内部已断路。如万用表指针在开始时有偏转，但最后返回不到最左端，而是停在靠近最左端的某一位置，说明电容器中的电介质绝缘性能下降，产生了漏电现象。使用这种电容器时，相当于一个电阻(漏电阻)与电容器串联。在电流流过时，电容器会发热，最终使电容器损坏。

(4)电容容量检测。首先测一个与怀疑有问题的电容器容量相同的正常的电容器，记下指针右偏的最大位置。然后测怀疑有问题的电容器，如果开始时指针右偏的角度明显减小，则说明该电容器已失效，容量明显变小。电机如果用这种电容器，会出现通电后不能启动或启动困难的故障现象。

(5)电容器更换原则。应符合电容器两个主要参数要求：一是耐压，新换上去的电容器的耐压值应等于或高于原电容器的耐压值；二是容量，要与原电容器的标称值相同。如找不到单个同容量的电容器，可采用电容器并联的方法来代替。

第二节　家用电冰箱压缩机常见故障分析及维修

【知识目标】

(1)掌握电冰箱压缩机常见故障。

(2)掌握检测电冰箱压缩机不启动故障的操作方法。

(3)掌握更换电冰箱压缩机的方法。

【能力目标】

(1)能对压缩机故障进行正确分析。

（2）能正确更换压缩机。

【相关知识】

一、电冰箱压缩机常见故障分析

对压缩机做通电启动试验时，质量合格的压缩机应该正常启动，运转平稳，噪声低，振动小，运转电流小于额定值，排气口排出的气体有力并带有冷冻油气味，反复做启动试验时重复性好，等等。但是，当压缩机存在某种缺陷时，会出现以下几种不正常的现象。

1. 压缩机不能启动运转

接通电源后，压缩机不能启动运转，电流值非常大。这时，电冰箱压缩机的电流值在7 A以上，甚至达到10 A以上，在接通电源的很短时间内，热保护器就跳开而切断电源，而且反复试验，得出的结果都一样。这种现象是在电机无故障的情况下，压缩机内的活动机械部件存在卡死的故障引起的。其主要原因是压缩机油路被脏物堵塞，导致供油系统不通畅，机件受到磨损而"卡死"。这些故障通常被称为抱轴、卡缸。

脏物粘在活塞上（漆包线上的漆被腐蚀脱落，粘在气缸、活塞上）或转轴与轴套磨损造成间隙过大，在通电后转子被电磁力吸到一边而偏芯，也是电机在通电后不能转动的另一种原因。

2. 电流大

压缩机接通电源后，能够启动运转，但电流过大，例如125 W的电冰箱压缩机的运转电流达1.5~2 A。压缩机运转片刻后，热保护器就跳开而切断电源。这是由于压缩机的机械摩擦阻力过大，或是电机线圈存在匝间短路。这种故障只有在打开压缩机的机壳，对电机和压缩机的机械部分进行单独检查后才能判断故障所在。电流过大的压缩机是不能继续使用的。

3. 排气压力低

压缩机接通电源后能够正常启动、运转，运转电流也正常，噪声和振动较小，这说明压缩机的质量似乎很好。但是，压缩机排气口排出的气体量很小，压力很低，这时如果用手指堵住排气管口，可以封堵得很严以至于不漏气，当松开手指时，气流喷射能力很低。如果用手指堵住吸气管口，没有手指被压迫、被吸入的感觉，这说明压缩机的低压腔压力过高，吸气能力很弱。这样的压缩机就是常说的"排气效率低"或"排气能力低"的压缩机。试验时，若用手指封堵排气管口，良好的压缩机是无论如何也封堵不住的，总会有高压气体喷出。

这样的压缩机，由于吸、排气能力低下，高压和低压之间的压力差很小，基本失去输送气体的能力。把这样的压缩机安装在设备中，无法使制冷剂在压力差的作用下循环流动，即使制冷剂能够流动，其流动循环量也很小，这就使设备失去了制冷能力。产生这种故障的原因主要是高压排气管路断裂或密封垫被击穿，使制冷剂在机壳内循环，产生气流声，造成电冰箱不制冷或制冷效果不好。阀片破裂(液击或材质差)、阀片积炭(油过热变质)或压缩机活塞与气缸间隙过大(磨损造成的)导致压缩机排气量不足，是影响制冷效果的另一个原因。

4. 噪声大

压缩机接通电源后，能正常启动、运转，运转电流正常，排气能力也很好，但是压缩机的振动和噪声很大，运转不平稳。这时用手把压缩机按住加以固定，观察振动和噪声是否可以消除。在排除了由于试验时压缩机未加固定而引起的振动后，若振动和噪声仍然很大，则表明这种振动和噪声是压缩机所固有的。这种压缩机是不能继续使用的。发生这类故障的原因是减震弹簧严重变形、脱位和断裂，使弹簧失去减震作用，因而使机体撞击外壳内壁产生噪声，或是由于压缩机的机械运动部件损坏。

5. 启动性能不稳定

压缩机接通电源时，第一次能正常启动，第二次可能不能正常启动，第三次、第四次等多次试验，正常启动与不能正常启动无规律变化。这时，首先应弄清启动元件的容量和类型是否与压缩机相匹配，电源电压是否稳定，不然就有可能出现这种现象。例如，把1/8 的重锤式启动器用在 125 W 压缩机上，又如把 22～30 Ω 的 PTC 启动器用在 125 W 压缩机上，或使用 PTC 启动器时两次启动试验的时间间隔过短，等等。为了改善启动性能，在压缩机电机的启动绕组回路中，串联一只 5～10 μF 的电容器，启动不稳定的现象会被消除。当经过更换启动元件、启动电容器，反复试验仍不能使压缩机的启动性能稳定时，表明电机内部有缺陷。

6. 有异味

压缩机启动运转后，吸、排气正常。试验时压缩机吸入的是空气，排出的仍为空气。正常时排出的气体带有冷冻油的气味，但有的压缩机排出的气体带有异常气味。例如，压缩机中的电机绕组漆包线，因过热或电流过大，漆包线的绝缘层已被烧焦、碳化，当电机通电后，绕组中有电流流过而发热时，漆包线的绝缘层材料因被加热而产生一种油漆被烧焦的气味。这种气味随压缩机运转时间的延长会越来越浓。

7. 其他

压缩机中含水量过多，会降低电机的绝缘性能。压缩机中冷冻油过多，排气口喷出的气体中会带有油雾。压缩机中冷冻油过少，运行电流会逐渐变大，压缩机过热会出现摩擦声。凡此等等，应根据做试验时所选用的压缩机的具体故障内容而定。

二、压缩机不启动故障检测操作方法

(1)把万用表调至 R×1Ω 挡，调整零点。

（2）取一台压缩机，通过测量、计算分清接线端子的 C，M，S 端。若 $R_{MS} \neq R_{MC} + R_{SC}$，再根据原理分析判断电机的具体故障。

（3）用万用表 R×10 kΩ 挡，测量电机线圈与机壳间的电阻值。必要时再用兆欧表测量它们之间的绝缘电阻，其值应大于 2 MΩ。

（4）选用与压缩机功率相匹配的启动器和热保护器，并检查它们的质量，按照图 5-2 所示的线路接线，不得有误。

（5）钳形电流表卡入一根电源线，用手按住（垫隔绝缘物）压缩机，防止启动时跳动，把电源插头插入电源插座（用刀闸开关更好），启动压缩机。

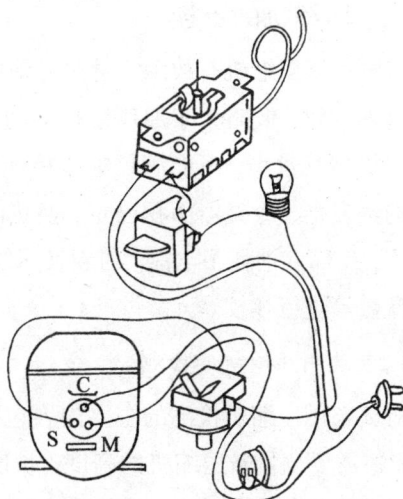

图 5-2　电冰箱的实物接线图

（6）观察压缩机能否启动，并观测钳形电流表上的电流指示数。若压缩机不能启动，电流值很大，应尽快切断电源，然后再次试验。若仍不能启动，热保护器就会跳开切断电源。对压缩机不能启动的原因，根据原理进行分析，并得出结论。

（7）如果压缩机能够启动运转，观测启动性能、振动与噪声，在钳形电流表上读出运行电流值并与正常电流值进行比较。这时，可用手指按住排气管口，检测它的排气能力，压缩机排气量测试如图 5-3 所示。

（8）对一台被认为质量合格的压缩机，进行 3~5 次启动试验。每次试验，其启动性能都应该是正常的。

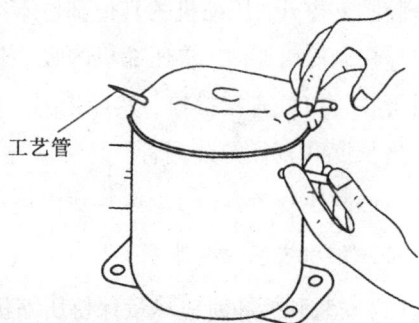

图 5-3　压缩机排气量测试

（9）操作注意事项如下。

①训练至少由两个人共同操作，注意用电安全。

②压缩机启动电路连接完毕，要详细检查、核对连接是否正确，要防止出现短路现象。

③压缩机存在绝缘性能不良时，不能做通电、启动试验，以防触电事故。

④测量电机的直流电阻时，接线端子金属柱表面应清除氧化层，表笔与接线柱间应接触紧固，以减少测量时的接触电阻。

⑤应先检测确认过热保护器正常后，才能使用。当压缩机不能启动或电流过大时，保护器应能够断开电源。

⑥用手指封堵排气管口之前，应先检查压缩机是否存在漏电现象。

三、压缩机的更换

若电冰箱压缩机有故障，通常需要对其进行更换。新选用的压缩机功率应与原压缩机的功率一致，或略大于原压缩机的功率。压缩机的功率标志其排气量的大小，功率小的压缩机排气量小，不能满足电冰箱排气量的需要；功率大的压缩机排气量大，但电冰箱中的蒸发器、冷凝器面积已定，换热能力是确定的，压缩机的排气量大也得不到充分的利用，反而多消耗了电能。对新换压缩机进行确认，应对不同型号压缩机的外形尺寸、基本参数等进行核校。

1. 新选用压缩机的检测

对新选用压缩机检测的主要内容包括排气的能力、启动性能、振动与噪声、运行电流等，还需要测量新压缩机的高度、长度、宽度，以保证能装在电冰箱原压缩机的位置上。当压缩机底座上的固定孔与电冰箱底盘上的固定孔间的孔距不符时，可重新在电冰箱底盘钻孔，使孔距与压缩机底座上的孔距一致。

2. 压缩机的安装

检查原压缩机底座的减震线圈，如老化、变形或损坏，则应更换。把新的压缩机放到电冰箱底盘上，加减震胶圈，用紧固螺栓加以固定，对压缩机形成四点支撑而悬空。除这四个胶圈支撑外，压缩机的其他部位不得与电冰箱底盘相碰。

焊接制冷管路时，将压缩机的吸、排气管与制冷系统的管线套接好。此时，当管长允许时可在管口处直接扩口，然后把另一管插入；当管较短不能直接相连时，需要另取一段适当长度和直径的紫铜管，并制成杯形口连接形式，再把另一管插入。在这些管路连接接口都制作好之后，再点燃焊接焊炬，然后对各焊口逐一进行焊接。

3. 压缩机安装注意事项

(1)安装和拆卸时应尽量保持压缩机水平，倾斜角小于30°，否则易造成压缩机吊簧脱离。

(2)防止在安装和拆卸过程中，压机排气口、吸气口、工艺管口中进入异物，从而导致新的压缩机故障。

(3)焊接压缩机各管口时，应用黄铜焊条进行焊接。

(4)焊接过程要快速，温度不要过高，尽量不要反复焊接，以防止压缩机管口出现焊堵、焊漏或者焊口氧化而导致无法焊接。

(5)更换的压缩机功率要与原压缩机相同，更换的压缩机结构要与原压缩机相同。

(6)操作中应注意安全用电。

(7)检测过程中一定要做好记录。

(8)测量电机的直流电阻时，接线端子金属柱表面应清除氧化层，表笔与接线柱间应接触紧固，以减少测量时的接触电阻。

第三节 家用电冰箱制冷系统常见故障分析与检测流程

【知识目标】

掌握直冷式电冰箱故障分析与检测流程。

【能力目标】

能根据电冰箱的故障现象进行故障分析并制定故障排除方案。

【相关知识】

一、直冷式电冰箱故障分析与检测流程

压缩机启动异常(不启动或启动频繁),其故障分析与检测流程见图5-4;压缩机启动、运行正常,但制冷不正常,其故障分析与检测流程见图5-5。

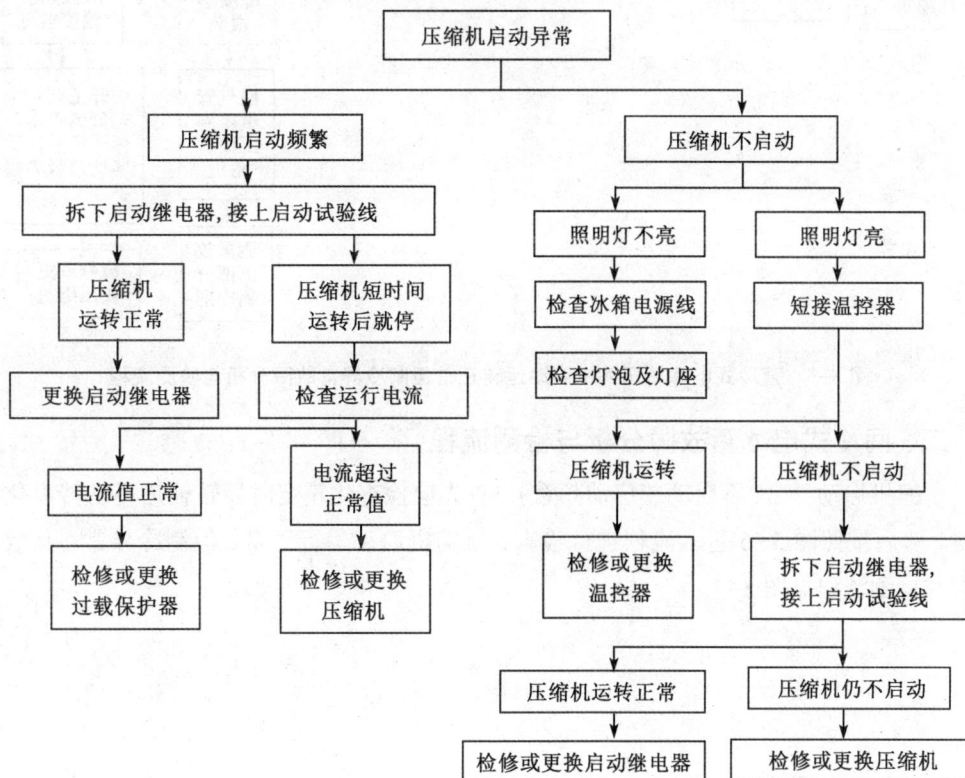

图 5-4 直冷式电冰箱压缩机启动异常故障分析与检测流程

```
                    压缩机启动运转正常但制冷异常

                              检查蒸发器

    ┌─────────────────────┬──────────────┬──────────────┬──────────┐
    不结霜                 局部结霜         结霜、化        结浮霜
                                          霜两者交
                                          替出现

  ┌────────┬────────┬────────┐  ┌────────┬────────┐
  压缩机    冷凝器    制冷剂      部分堵塞   制冷剂        水分超标
  不做功    以后堵塞  全部泄漏              部分泄漏

  压缩机壳  停机后切  停机后切    停机后压   停机后压      更换干燥过
  温度很高  开工艺管, 开工艺管,   力平衡很   力平衡较      滤器,重新
            有气流喷  无气流     慢,液流    快,液流声     抽真空、充
            出,再开   喷出       声微弱,    很快消失      灌制冷剂
            机,手指堵             延续时间
  停机后切  切口有吸  找出泄漏    长
  开工艺管, 力        点并修补
  有气流喷            后,重新     排除堵塞,  找出泄漏点
  出,再开   排除脏堵, 抽真空,     重新抽真    修补后,重
  机,手堵   重新抽真  充灌        空、充灌    新抽真空、    制冷剂       压缩机
  切口无吸  空,充灌   制冷剂      制冷剂      充灌制冷剂    超量         效率差
  力        制冷剂

  检修或更                                                  冷凝器       冷凝器
  换压缩机                                                  很热         温度较低

                                                            回气管       切开工艺管,
                                                            结霜到       有气流喷出,
                                                            压缩机       再开机后,手
                                                            附近         堵切口吸力很
                                                                         小

                                                            适量放       检修或更
                                                            出部分       换压缩机
                                                            制冷剂
```

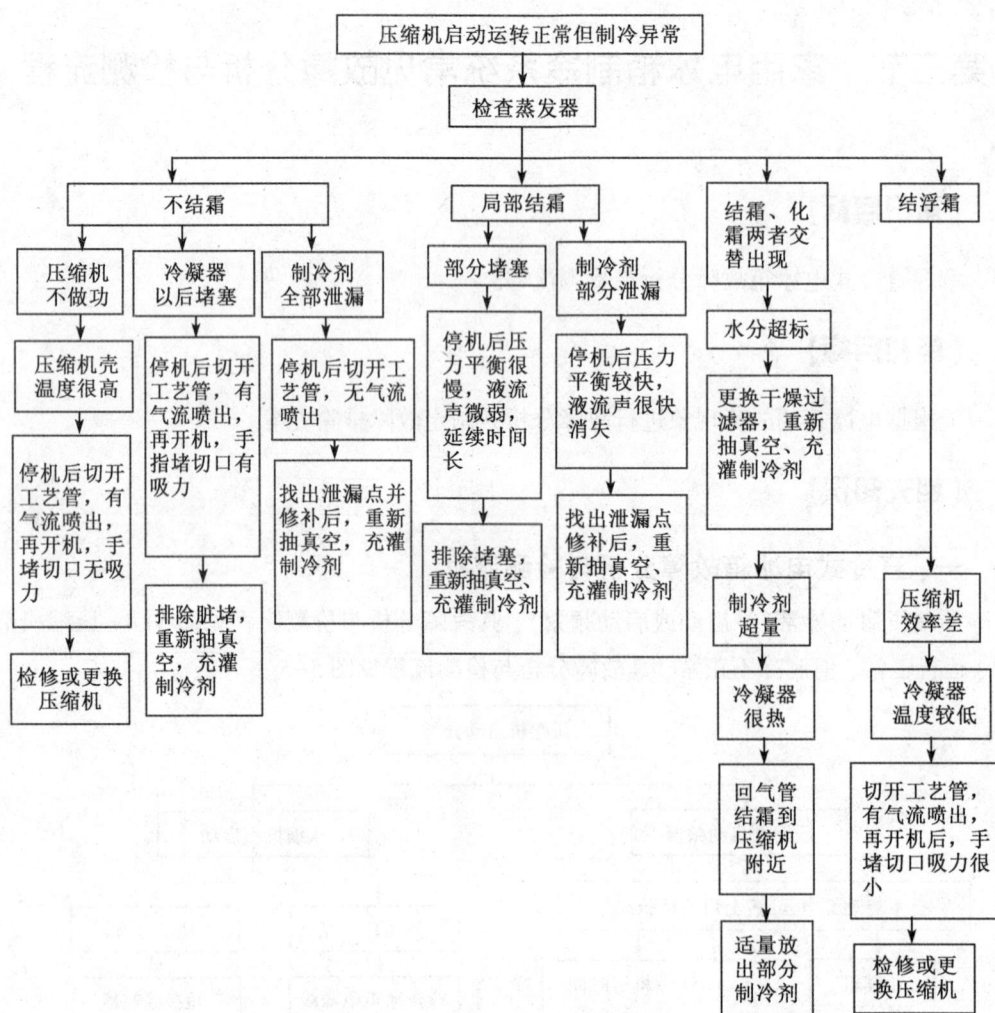

图 5-5　直冷式电冰箱压缩机启动运转正常但制冷异常故障分析与检测流程

二、间冷式电冰箱故障分析与检测流程

压缩机启动异常(不启动或启动频繁),首先应检查化霜定时器转轴是否已转离化霜位置,然后按照图 5-6 所示流程进行检查;压缩机启动运行正常,但制冷异常,其故障分析与检测流程见图 5-7。

压缩机启动异常

压缩机启动频繁

压缩机不启动

拆下启动继电器，接上启动试验线

照明灯不亮

照明灯亮

压缩机运行正常

压缩机短时间运转后停止

检查冰箱电源线

短接温控器

检修或更换启动继电器

检查运行电流

检查灯泡及灯座

电流值正常

电流超出正常值

压缩机启动运转

压缩机仍不启动

检修或更换过载保护器

检修或更换压缩机

检修或更换温控器

拆下启动继电器，接上启动试验线

压缩机启动运转

压缩机仍不启动

检修或更换启动继电器

检查化霜定时器

正常

不正常

检修或更换压缩机

检修或更换

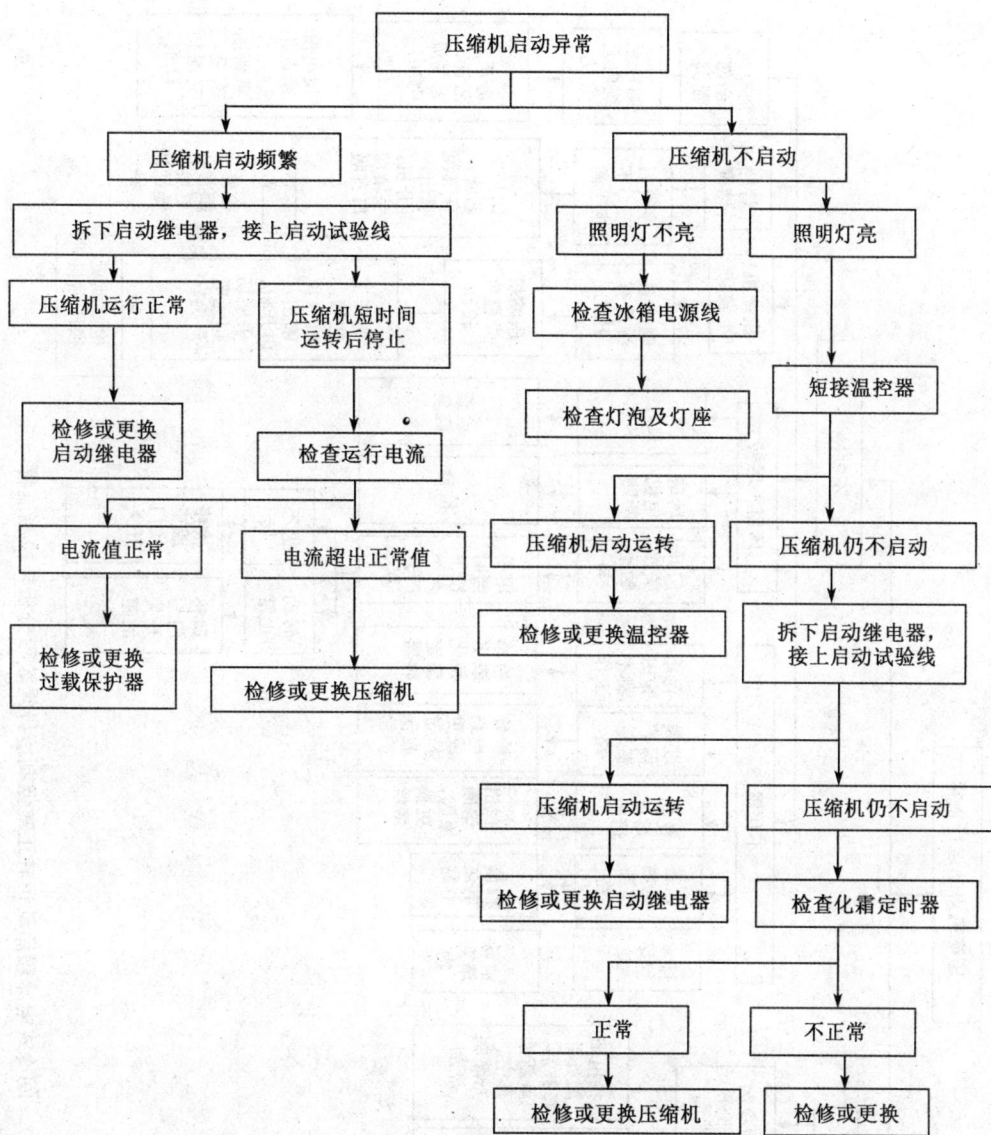

图 5-6 间冷式电冰箱压缩机启动异常故障分析与检测流程

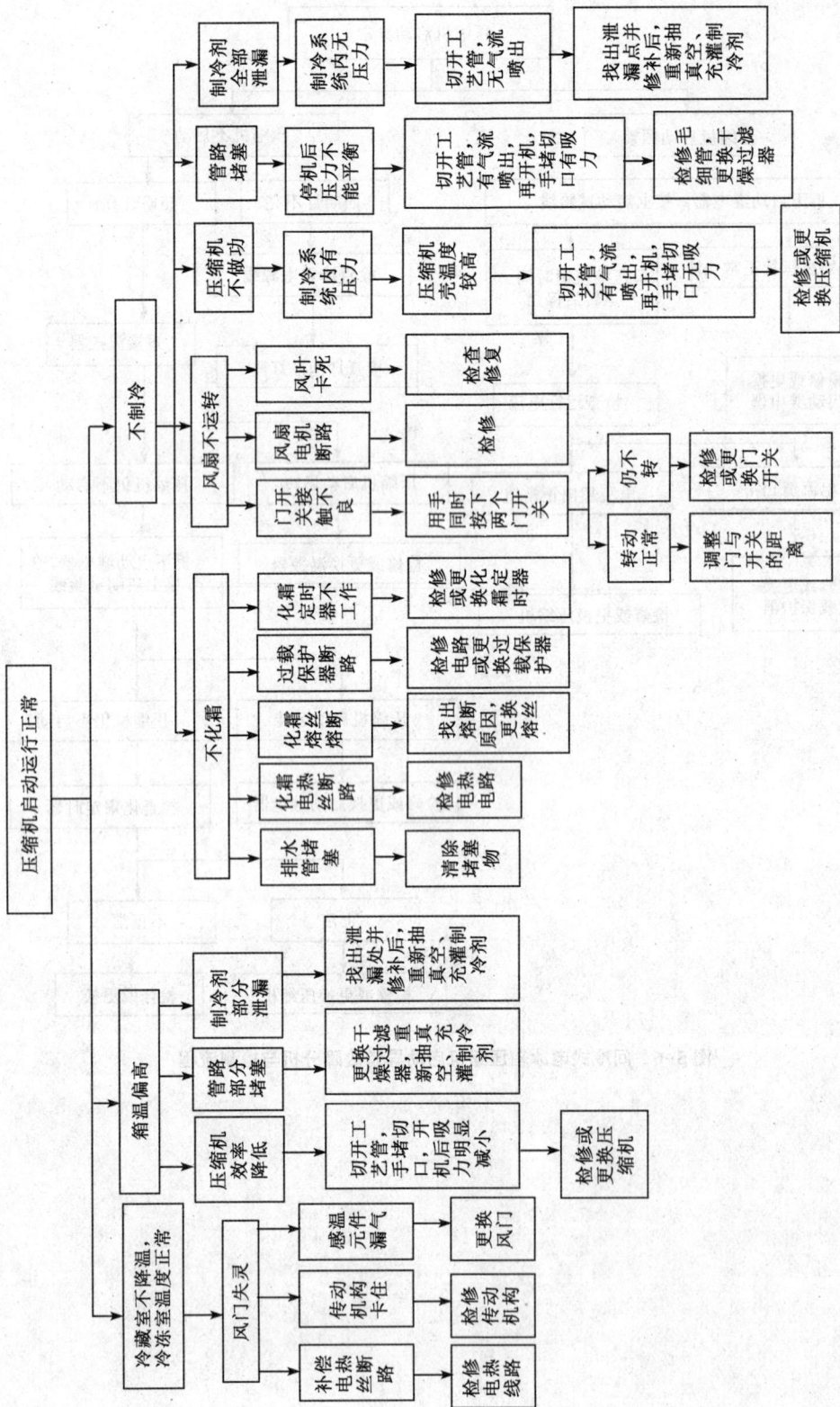

图5-7 间冷式电冰箱启动运转正常但制冷异常常见故障分析与检测流程

三、电冰箱故障分析速查表

家用电冰箱的故障，一般有电冰箱不制冷使食品融化，或电冰箱制冷差使食品冻结不牢，或电冰箱不停机耗电量大，等等。产生这些故障的原因，可能是制冷系统出现故障，或是控制电路故障，或是压缩机故障，或是电冰箱使用不当。只有经过具体检查和分析，才能确定其原因并加以排除。造成电冰箱故障的具体原因是多种多样的，表 5-2 所列为电冰箱的典型故障和产生的原因，供分析故障原因时参考。

表 5-2　电冰箱故障原因与排除方法

序号	故障现象	原因	排除方法
1	接通电源后压缩机没有响声	（1）电路无电源，保险丝烧断，电源插头接触不良； （2）断电器失灵，热保护接点没有复位，热阻丝烧断； （3）温度控制器失灵，动、静接点烧毁不能闭合；感温包内的制冷剂泄漏； （4）电机故障，电机引出线与机壳内接线柱脱落，压缩机接线柱上有绝缘物或接线盒没有插紧	（1）检修电路排除故障，更换保险丝和插紧电源插头； （2）检修继电器，调整接点位置，更换热阻丝； （3）更换温控器或检修烧毁的接点，调整接点位置，给感温包充加感温剂； （4）打开机壳检查电机，接好电机引线，清除压缩机接线柱上的绝缘物，插紧接线盒
2	压缩机不能启动，只听到嗡嗡声	（1）电源电压过低； （2）启动继电器未闭合或接触不良； （3）电机启动绕组断路； （4）电容器断路或短路； （5）有漏电造成电压降过大； （6）过载保护继电器断路； （7）压缩机磨损或润滑不好； （8）制冷系统内制冷剂过多，使压力过高	（1）测量电压，低于额定值15%不能使用； （2）用细砂布打磨接触点并调整继电器的额定值； （3）拆除重绕启动绕组； （4）检修或更换； （5）找出漏电原因，加以消除； （6）拆修或更换； （7）检修或加润滑油； （8）减少制冷剂
3	冰箱运转时，压缩机过热	（1）压缩机工作时间过长； （2）压缩机润滑不良； （3）压缩机工作压力过高或系统内有空气； （4）电机绕组短路； （5）电机绕组接地	（1）检修制冷系统和压缩机； （2）添加冷冻机油； （3）检查高低压力，若过高，则要放掉少量制冷剂或排除空气； （4）拆除重绕； （5）将电机拆开修理或重绕绕组

表 5-2（续）

序号	故障现象	原因	排除方法
4	电机启动运行后，过载保护继电器周期性跳开	(1)电源电压过低； (2)过热保护装置中的双金属片失灵，使热保护接点频繁动作； (3)电机绕组短路或接地； (4)电机冷却不好； (5)排气阀片漏气或断裂	(1)调整电压； (2)调整双金属片或更换过热保护装置； (3)检查绕组阻值或接地电阻； (4)检查电冰箱使用环境与安装位置； (5)更换阀片
5	电机启动运行一段时间后又停转	(1)电机绕组短路或接地； (2)电机工作压力过高； (3)毛细管发生冰堵或脏堵	(1)将电机拆开修理或重绕； (2)放出少量制冷剂或排除空气； (3)清除制冷系统水分，拆下毛细管清污
6	压缩机启动运转不停或运转时间较长	(1)磁性门封不严； (2)冷冻室和冷藏室放入的食物过多； (3)有轻微的漏气； (4)冰箱周围空气不流通； (5)温控器失灵； (6)温控器的感温管没有被夹紧在蒸发器器壁上； (7)电冰箱门开关频繁； (8)除霜不好，蒸发器大量积霜	(1)调整箱门，增加密封性或换门封条； (2)不能使冰箱贮存的食品量过大； (3)蒸发器局部结霜，要修理制冷系统； (4)调换冰箱放置位置，使冰箱周围有足够的对流间隙； (5)检修或更换； (6)把温控器的感温管与蒸发器贴紧； (7)减少开门次数； (8)检查各种电热丝的导通，发现断线要更换，除霜定时器及除霜温控器不好也要更换，检查保险丝是否完好
7	压缩机运转时噪声大	(1)箱体未调平； (2)接水盘振动； (3)风扇与其他部件碰撞； (4)压缩机接触地面； (5)管道与箱体碰撞，固定螺丝松动； (6)压缩机高压缓冲管断开	(1)进行调整； (2)移动位置并垫上软泡沫塑料； (3)移动风扇； (4)更换压缩机防震垫； (5)移动管道，拧紧固定螺丝； (6)更换压缩机

表 5-2（续）

序号	故障现象	原因	排除方法
8	压缩机工作时间长，而蒸发器表面无结霜，只有水珠凝结	(1)毛细管过长，低压过低； (2)毛细管过短，低压过高； (3)管路漏气； (4)压缩机阀门破裂或碎物堵塞	(1)调整毛细管的长度； (2)调整毛细管的长度； (3)修理制冷系统； (4)剖开压缩机的外壳，换调节阀门
9	制冷效果差，结冰慢	(1)冷凝器表面灰尘积聚过多，散热不好； (2)箱内存放食物过多； (3)空气不流通，太阳直射或附近有热源； (4)蒸发器上结霜过多； (5)轻微漏气； (6)温控器动作不良； (7)垃圾堵塞； (8)压缩机运转时风扇电机不转； (9)门封条扭曲或破损导致冷气外漏	(1)清洗冷凝器； (2)适当减少存放食物； (3)将电冰箱放在通风凉爽的地方； (4)按时除霜； (5)修理制冷系统； (6)更换温控器； (7)修理制冷系统； (8)检查风扇电机有无绕组断线、轴烧坏、结冰固化等情况，还要检查门开关机构的动作，若不好要更换； (9)修理或调换门封条
10	冷藏室温度太低	(1)冷藏室风门控制调置冷点； (2)风门关不上； (3)风门控制器损坏； (4)加热器损坏	(1)调整旋钮位置； (2)排除障碍物； (3)修理控制器； (4)更换加热器
11	冰箱能制冷，箱内照明灯不亮的原因或不灭（箱门关上时）	(1)箱内照明灯不亮的原因可能是接触不良、回路断线或灯泡损坏； (2)箱内照明灯不灭的原因可能是灯开关损坏或灯开关位置不当	(1)用万用表查出断路处加以修复或更换灯泡； (2)调换门开关或调整灯开关的位置
12	接通电源，保险丝熔断	(1)压缩机插头接线柱、电机短路或接地； (2)启动电容器损坏； (3)启动继电器接点粘连或接触不好； (4)电路中有接地或短路处； (5)照明灯灯座短路	(1)用汽油去污垢，再用干布擦干净，或重绕电机； (2)换用新的电容器； (3)将连接点粘连处分开，用细砂纸打光，将连接铜片压一压； (4)用万用表查出进行修复； (5)换用新灯座

表 5-2（续）

序号	故障现象	原因	排除方法
13	箱体漏电	（1）温控器、照明灯、门开关等受潮而引起漏电； （2）继电器接线螺钉碰到机壳短路而漏电； （3）电机绕组绝缘层损坏、短路而漏电； （4）机壳接线柱与机壳相碰而漏电	（1）进行干燥防潮处理； （2）检查调整接线螺钉； （3）打开机壳重绕电机绕组； （4）检查修理机壳接线柱
14	外壳凝露滴水	（1）门封条有损坏或有间隙； （2）外界使用环境湿度过高； （3）过量加注制冷剂使回气管部位滴水或结冰	（1）更换或调整门封条； （2）移到通风好、湿度低的地方使用； （3）减少制冷剂量

第四节　家用电冰箱典型制冷系统故障分析及排除

【知识目标】

（1）掌握电冰箱常见的假性故障。

（2）掌握电冰箱制冷系统典型故障分析及排除方法。

【能力目标】

（1）能正确判断电冰箱的假性故障。

（2）能正确排除电冰箱制冷系统典型故障。

【相关知识】

一、电冰箱常见的假性故障

电冰箱假性故障是指非电冰箱本身各部件、元器件问题引起的各种故障。在检修时，必须先排除这些假性故障，才能使检修工作顺利进行。电冰箱常见假性故障主要有以下几方面。

1. 电冰箱使用不当

电冰箱摆放位置不妥、通风不良、冷凝器积尘过多而不加清洁，这些都会使冷凝器散热不良，使电冰箱制冷效果变差。箱内的食物过多，阻碍了冷气的循环，会使箱内温度偏高。频繁开启箱门，压缩机开机时间必然会延长。

2. 电源电压不足或插头与插座接触不良

电源电压不足或插头与插座接触不良的情况都可能使加至电冰箱的电压低于工作电压，而使电冰箱不启动或启动频繁。

3. 无霜电冰箱在化霜期间突然停电或来电后电冰箱不运转

化霜期间压缩机、电路及化霜定时器电路都已切断，来电时压缩机必然不启动运行，但化霜定时器开始运行。因此，过一段时间，化霜定时器运行至触点接通压缩机电路位置时，压缩机就自然启动运行。

4. 冬季电冰箱制冷效果差

不少电冰箱箱体内装有补偿加热器及节电开关，用以在冬季对箱体加热，适当提高箱温，以解决冬季环境温度低、温控器不易动作的问题。冬季若此开关未合上，就可能出现电冰箱制冷效果变差的现象。

二、制冷效果差的故障分析及排除

制冷效果差是指电冰箱能正常运转制冷，但在规定的时间条件下，箱内温度降不到设定温度。如果使用情况正常，箱门又能关严，制冷效果差的故障就出在制冷系统。造成这种现象的原因很多，具体分析如下。

1. 制冷剂泄漏

制冷系统的制冷剂泄漏或过少时，会使蒸发器的蒸发表面积得不到充分利用，制冷量降低，蒸发器表面部分结霜，吸气管温度偏高。

现象：若冰箱制冷系统有泄漏，由于压缩机长时间运转，或自停时间很短，蒸发器上部分结霜，冷凝器只有局部管热甚至不热，蒸发器结霜的部位逐日减退，最后整个蒸发器不结霜，此时在蒸发器上可听到较响的空气循环声。

排除方法：制冷剂泄漏后不能急于向系统充注制冷剂，应先找到泄漏点，经修复后再充注制冷剂。

由于冰箱的接头及密封面较多，潜在的泄漏点也相应较多，因此检漏时必须注意摸索易漏的部位。首先观察管路表面有无油污或断裂等，如没有发现较大泄漏点，可按照正常的检查方法充氮气、检漏、修复泄漏点、抽真空、充注制冷剂，然后运转试机。

2. 充注制冷剂过多

制冷系统中充注过多的制冷剂，会使这些制冷剂在蒸发器内不能很好地蒸发，从而使液体制冷剂返回压缩机中，这样压缩机的吸气量减少，制冷系统低压端压力升高，又影响蒸发器内制冷剂的蒸发量，造成制冷能力下降。同时，过多的制冷剂会占去冷凝器的一部分容积，减少散热面积，使冷凝器的冷却效率降低，吸气压力和蒸发温度也相应提高，吸气管出现结霜现象。遇到这种情况，必须及时将多余的制冷剂排出制冷系统，否则不但不能提高降温效果，反而使压缩机有液击冲缸的危险。

现象：压缩机吸、排气压力普遍高于正常压力值，冷凝温度高，压缩机电流增加，蒸发器结霜不实，箱内温度降得慢，压缩机吸气管结霜。

排除方法：打开压缩机工艺管，放掉多余制冷剂。

3. 制冷系统内有空气

现象：压缩机吸、排气压力升高（但排气压力未超过额定值），压缩机出口至冷凝器入口处温度明显增高。由于系统内有空气，排气压力、温度都有所提升，同时气体喷发声明显加大。

排除方法：可以在停机几分钟后，打开工艺管放出制冷剂后，对系统抽真空，然后重新充注制冷剂。

4. 压缩机效率低

现象：经过较长时间使用的压缩机，压缩机运动部件有相当大程度的磨损，各部件配合间隙增大，气阀密封性能下降，从而导致实际排气量的下降。

排除方法：更换新的压缩机或对压缩机进行开背维修。

5. 蒸发器霜层过厚

现象：蒸发器霜层过厚，严重影响传热，致使箱内温度无法下降到要求范围内。

排除方法：停机除霜，打开箱门让空气流通，也可用风扇等加速空气流通，减少除霜时间。不得用铁器等敲击霜层，以防损坏蒸发器管路。

6. 蒸发器管路中有冷冻机油

现象：蒸发器管路中如存在冷冻机油，若积油过多，在冰箱工作时，能听到蒸发器内的咕噜声；也可以从蒸发器挂霜上来判断，若蒸发器上霜结得不全、不实，此时若未发现其他故障，可判断是带油导致的制冷效果差。

排除方法：断开压缩机吸气管和毛细管与干燥过滤器之间的连接管，用氮气打压至0.5~0.6 MPa，并采用不断堵住和松开毛细管出口的方法予以清除。对于积油过多的蒸发器，为保证制冷效果，也可在蒸发器内灌入清洗剂，然后打压吹出积油。吹洗时应反复进行几次，直到清除干净为止。吹洗后的蒸发器经干燥处理后重新抽真空，再充注制冷剂及封口。

7. 维修案例

【案例 5.1】故障现象：电冰箱不制冷，压缩机不停机。

故障分析：试机时发现压缩机排气管不热，蒸发器没有流水声，可能是制冷系统有故障。割断压缩机工艺管，发现没有气体喷出，说明系统有泄漏。但该压缩机采用的是平背式冷凝器结构，冷凝器及其与蒸发器的接头等部位均藏于箱体内，这就使判断泄漏的具体部位变得比较困难。此时，宜采用分段检漏法分别对压缩机高、低压侧进行检查。在压缩机的工艺管和回气管充灌 0.4 MPa 压力的氮气，将肥皂水涂抹于外露的管道、接头和蒸发器等处检漏，未发现有泄漏之处。过一段时间后，检查修理阀上的压力表，低压侧的压力维持不变，而高压侧的压力只剩 0.5 MPa，说明压缩机或冷凝器处有泄漏。用气焊断开冷凝器与压缩机排气管及干燥过滤器的焊缝，使内藏式冷凝器脱离制冷系统；再在冷凝器的两端各焊上一根短铜管，把其中一根的另一端封口，而另一根的另一端焊上修理阀，通过修理阀单独向内藏式冷凝器充灌 1 MPa 压力的氮气，如仅过数分钟冷凝器就明显掉压，即可判断出是内藏式冷凝器出现泄漏。

故障维修：内藏式冷凝器一旦发生泄漏，维修时如果将箱背后钢板整个打开，补漏后再将钢板封好，这样不仅十分麻烦，外观也会受到较大影响；而且修复后由于冷凝盘管与钢板不能紧密贴附在一起，致使散热效果差，制冷能力下降，功耗增加。因此可采用一个与该冰箱容积相配的百叶窗式冷凝器，将内藏式冷凝器和箱门除露管都短路掉。具体做法是在箱体背面适当位置钻 4 个 4 mm 的小孔，先将"乙"字形的金属板固定在箱体背面，然后用 5 mm 自攻螺钉将冷凝器固定在"乙"字形的支架上；再将冷凝器的进气管与水蒸气加热器的出口相接，而出口接干燥过滤器即可；焊接完毕后，进行整体试压查漏，确认不泄漏后再进行抽真空、灌气，最后消除冰箱故障。

【案例 5.2】故障现象：电冰箱使用 2 年，逐渐不制冷。

故障分析：通电试机，用钳形表测量压缩机的工作电流，发现电流偏低，冷凝器不热，气流声很微弱，而冷冻、冷藏室的蒸发器只凝露不结霜，可能是制冷剂泄漏。进一步检查发现，门防露管与冷凝器连接接头的焊接处两侧有温差。由于该接头因污物堵塞而造成其孔径变小，致使制冷剂流过时因阻力增强而产生部分蒸发，相当于毛细管的作用，因而接头出口端的温度比进口端的温度低。

故障维修：停机后，用割刀断开门防露管的焊接接头，将接头清理干净，重新焊好，经抽真空、充灌制冷剂，排除堵塞故障。

三、制冷系统堵塞的故障分析及排除

1. 脏堵分析

脏堵是指制冷系统中各种污物（焊渣、氧化皮和其他杂质）引起的系统堵塞。

产生的部位：过滤器、毛细管进口处或中部。

产生的原因：管路焊接氧化皮脱落，压缩机机械磨损而产生的杂质，制冷系统未清洗干净。

干燥过滤器脏堵的外观现象：干燥过滤器表面发冷、凝露或结霜，导致向蒸发器供给的制冷剂不足或制冷剂不能循环制冷。

干燥过滤器脏堵的判断方法：压缩机启动运行一段时间后，冷凝器不热，无冷气吹出，手摸干燥过滤器感到发冷、凝露或结霜，压缩机发出沉闷的过负荷声。为了进一步证实干燥过滤器脏堵，可将毛细管靠近干燥过滤器处剪断，如无制冷剂喷出或喷出压力不

大，说明产生脏堵。这时如果用管子割刀在冷凝器管与干燥过滤器相接处附近割出一条小缝，制冷剂就会喷射出来。此时，要特别注意安全，防止制冷剂喷射伤人。

毛细管脏堵的外观现象：毛细管脏堵有两种情况，一种是微堵，其现象是冷凝器下部汇集大部分的液态制冷剂，则流入蒸发器的制冷剂明显减少，蒸发器内只能听到"嘶嘶"的过气声，有时听到间断的制冷剂流动声，蒸发器结霜时好时坏；另一种是全堵，其现象是蒸发器内听不到制冷剂的流动声，蒸发器不结霜。断开毛细管和干燥过滤器的接口处后，会看到制冷剂从干燥过滤器中喷出，即为毛细管脏堵。

2. 脏堵的排除方法

（1）干燥过滤器脏堵的排除方法。

干燥过滤器脏堵后，慢慢割断冷凝器与干燥过滤器连接处（防止制冷剂喷射伤人），再剪断毛细管，拆下干燥过滤器。因修理干燥过滤器比较困难，所以一般直接更换新的干燥过滤器。如一时没有新的干燥过滤器可供更换，可将拆下的干燥过滤器倒置，倒出装在里面的干燥剂，清洗干燥过滤器。用汽油或四氯乙烯清洗过滤器内壁和滤网，清洗并经干燥处理后再使用。更换干燥过滤器前，最好对蒸发器和冷凝器进行一次清洗。

（2）毛细管脏堵的排除方法。

对于轻微脏堵的毛细管，可用加热的方法，将毛细管内的脏堵物烧化。操作方法：首先找到堵塞部位，观察何处结霜或结露，或用手触摸何处最凉，堵塞处就在此处前端；然后用气焊将毛细管与干燥过滤器割开，用气焊的碳化焰烘烤毛细管堵塞处，将脏物化为炭灰；最后用氮气加压（0.6～0.8 MPa）吹通。吹通时，应用手按住放气口，然后迅速脱离，以增加对毛细管的冲力。对于严重脏堵的毛细管可考虑采取更换的方法。毛细管脏堵多出现在进口端，把毛细管的外漏部分全部换掉，在大多数情况下很有效。无论何种情况，在维修毛细管的同时都应更换干燥过滤器。

为防止毛细管产生脏堵现象，维修电冰箱制冷系统后，必须用干燥的氮气进行吹污处理。

3. 冰堵分析

产生的部位：节流阀、毛细管出口处或中部。

产生的原因：①在加压试漏时，将空气中的水蒸气压缩成水，注入管道内造成冰堵；②蒸发器破损后，长期开机而将冷冻（藏）室中的水分子连带空气中的水蒸气分子一并带入压缩机内（开机时，蒸发器内产生负压，大气压力就将潮湿空气中的水分子带入压缩机内）；③工艺管打开后未密封，又未及时修理，这种长期搁置的冰霜，加上偶尔开机，会使空气中的水分从管口外带入机内；还有未密封又长期放置的压缩机，未经干燥处理就换到冰霜上去使用，也会造成冰堵；④制冷剂水分过多，充注会造成冰堵；⑤干燥过滤器老化失效，失去应有的干燥吸水功能。

干燥过滤器冰堵的判断方法：电冰箱通电后，压缩机正常启动运行，如果制冷系统内制冷剂循环流动声音很弱或听不到流动的声音，且用手摸干燥过滤器，其表面温度明显低于环境温度，甚至在干燥过滤器处结霜，但间隔一段时间后又能正常制冷，制冷一段时间后又出现上述现象，即为干燥过滤器冰堵。

毛细管冰堵的判断方法：接通电源，压缩机启动运行后，蒸发器结霜，冷凝器发热，随着冰堵形成，蒸发器结的霜全部融化，压缩机运行有沉闷声，吹进室内没有冷气。停机后，用热毛巾多次包住毛细管进蒸发器的入口处，由于冰堵处融化后能听到管道通畅的制冷剂流动声。启动压缩机后，蒸发器又开始结霜，压缩机运行一段时间后，又重复出现上述情况，即可确认制冷系统发生冰堵。

4. 冰堵的排除方法

（1）排放制冷剂除水法。

对于严重冰堵的设备，将其带机运行。在冰堵尚未出现以前，用锋利的剪刀在连接干燥过滤端的毛细管上划一道浅痕，然后将其折断，借压力迅速放出制冷剂。这时大量的水分可随制冷剂一起排出机外。再通过抽真空、管壁加热等措施，就能较快将机内水分排出机外。

这时一定要注意，千万不能在未放制冷剂前贸然使用氧气枪将管路烧开。因制冷剂对温度相当敏感，管内的制冷剂会受热剧烈膨胀，以致产生毁机伤人的事件。

若在-15~-14 ℃出现冰堵，别着急释放制冷剂，可以等二十多小时后再去开机，冰堵就不存在了。因为冰堵的地方就是一个储水器，而干燥过滤器除水防冰堵。冰堵解除的瞬间，冰堵的冰块不会立刻融化完，只有经过长时间停机，再开机时，干燥过滤器才能吸收参与冰堵时的水分。

（2）加温排水法。

将制冷剂回收或放光后，不断开机以提高压缩机温升，并在冷冻及冷藏室内多放一盆滚烫的热水。冷凝器则用电吹风不断加温，过一段时间后，再在工艺管处抽真空。

水在真空中，30 ℃以上就会沸腾气化，这样将源源不断地从机内抽出水蒸气，从而达到使机内水分排出机外的目的。

（3）干燥过滤器排水法。

压缩机加热后，将干燥过滤器接毛细管端，在毛细管与过滤网之间钻一个孔径为1 mm的小孔，再加热干燥过滤器。在压缩机的压力下，水分将不断从小孔排出，工艺管处则源源不断地送入经过干燥过滤器干燥的新空气。然后关闭阀门，让压缩机抽真空，同时加热各处管路。直至所钻孔压力与大气压力相等，不再进出气。之后补上小孔，再在机外抽真空、充注制冷剂、封口。

防冰堵不一定都要换新的干燥过滤器，只需对它加温，将水分排除。经过这样的活化处理后，一般的干燥过滤器都可以重新使用。而所有的排水去除冰堵法中，干燥过滤器的干燥除水法，应是每一件制冷设备在大修后必须执行的步骤。

5. 干燥过滤器的更换

(1)干燥过滤器的更换原则。

由于过滤器是用来吸收制冷剂中的杂质和水分的,所以更换时应注意,在打开其包装袋后应尽快焊接,以防空气中的水分进入,影响制冷效果。

(2)干燥过滤器的更换方法。

①将原来的干燥过滤器从制冷管中拆除。

②将新的干燥过滤器焊接到冷凝器电路上。

③将毛细管与干燥过滤器焊接好,毛细管插入过滤器的深度要适当,若插入过深,会触到过滤网,形成半堵塞,从而影响制冷;若插入过浅,焊料会流入毛细管内造成端部堵塞。将毛细管插入时,在插入深度为 15~20 mm 处用色笔做好标志,然后将毛细管插入;也可在该处弯曲限位,焊接时要快,温度不可过高,否则毛细管会变形或损坏。

6. 毛细管的更换

(1)毛细管的更换原则。

毛细管是制冷系统中重要的部件,它是一根细长的紫铜管,其内径一般为 0.4~1.0 mm,安装在干燥过滤器和蒸发器之间。毛细管容易发生堵塞故障,遇到该类故障时不能随意截断毛细管,若无法用气流排出堵塞物时,应更换新毛细管。更换新毛细管时应注意原毛细管内径和长度,不得随意改变其内径和长度,更换后还必须试机观察,若效果不佳应根据实际情况进行处理。

(2)毛细管的选择。

①把原毛细管整个取出,更换为与原毛细管相同内径、长度的新管即可。

②若无法知道原冰箱内毛细管的具体尺寸,或买不到原规格的毛细管,又必须更换新的毛细管时,可采用以下方法确定尺寸。毛细管流量测定示意图如图 5-8 所示。

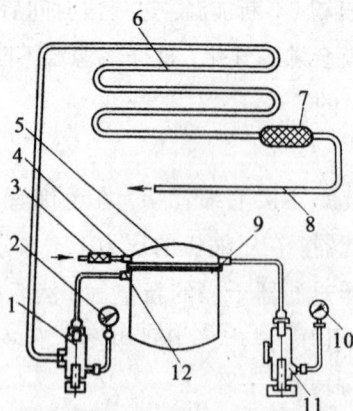

图 5-8　毛细管流量测定示意图

1—高压侧修理阀;2、10—压力表;3—修理用干燥过滤器;4—吸气管口;5—压缩机;6—冷凝器;

7—系统干燥过滤器;8—毛细管;9—工艺管口;11—低压侧修理阀;12—排气管口

在待修电冰箱压缩机的工艺口上接一只修理三通阀和低压表，脱开冷凝器出口与过滤器焊接点，接入修理三通阀与高压表，在过滤器的出口处焊上待换的新毛细管（毛细管的另一端敞开），分别打开两只修理三通阀，启动压缩机。

空气由接在压缩机工艺口的修理阀吸入，从毛细管敞开的一端喷出。当接工艺口的低压表压力与大气压力相等时，接在冷凝器出口和过滤器间的高压表压力应保持在1.0~1.2 MPa。如果高压表压力过高，可将毛细管适当截去一段；如果高压表压力过低，则应换用更长或内径更小的毛细管；如果相差不大，也可将毛细管盘成螺旋的弹簧状。盘的直径越小，圈数越多，则管内流动阻力越大，高压越高，这样也能调节毛细管的供液量。通常，新换毛细管应选择稍长一些的，这样便于调整。

上述方法适用于采用往复式压缩机的电冰箱；对于采用旋转式压缩机的电冰箱，则需将压缩机吸气口脱开，接入修理三通阀与压力表，但不要打开工艺口。

（3）毛细管的安装方法。

毛细管的孔径、长度选定后，要全面检查有无表面伤痕。在焊接前，要将毛细管两端的管口加工成30°的斜面，以增大制冷剂进出的面积，有利于制冷剂的流动，再用高压氮气进行吹污处理，确保管内没有脏物，才能焊接。毛细管与制冷系统的连接随机型各异，在单回路制冷系统中，毛细管进口与干燥过滤器出口焊接，毛细管的出口与蒸发器入口焊接，毛细管插入蒸发器进口管的深度以30 mm为宜。双回路制冷系统有两根毛细管，分别焊接在电磁阀与蒸发器之间。

7. 维修案例

【案例5.3】故障现象：一台电冰箱温控器转到强冷位置时，蒸发器化霜，箱温回升；过一段时间后制冷恢复正常，此现象反复出现。

故障分析：电冰箱制冷与不制冷交替进行，可能是制冷系统出现了冰堵。如果温控器处于弱冷位置，由于箱内温度较高，短时间开机后，毛细管还未完全冰堵，压缩机就已停机，故障现象还不十分明显；如果温控器调至强冷，制冷时间长，制冷系统中的水分形成冰堵的现象就十分突出了。

故障维修：用两次抽真空法排除冰堵，会增加制冷剂的用量，可以采用另一种方法去除水分。割断压缩机的工艺管，放制冷剂，接上修理阀与制冷剂钢瓶。烤化压缩机排气口与高压管的焊缝；启动压缩机，几分钟后再把高压管浸入装有5 mL左右甲醇的杯中，待甲醇被全部吸入制冷系统后，用橡皮塞将高压管堵住；再过几分钟，甲醇便从压缩机的排气口中排出，并把水分也一起带出。当排气口无气体排出时，随即用橡皮塞塞住排气口。停机后，制冷系统就处于真空状态。打开修理阀，注入适量的制冷剂。为防止空气进入制冷系统，将压缩机排气管与高压管上的塞子拔去并对接焊好。充注制冷剂至规定量后，封死工艺管，试机，最终电冰箱制冷恢复正常。

【案例5.4】故障现象：一台电冰箱的干燥过滤器刚更换不久，但电冰箱制冷效果不好，压缩机运转不停。

故障分析：用手摸冷凝器，上面热而下面冷，干燥过滤器也很凉，且与之相连的毛细管有一小段凝露，这是干燥过滤器或干燥过滤器与毛细管连接段堵塞的特有现象。割开压缩机工艺管，有大量制冷剂气体喷出，说明制冷剂并没有泄漏。接上修理阀，充氮气至0.3 MPa，然后关闭修理阀，启动压缩机，真空压力表显示压力值很小，说明干燥过滤器的确发生堵塞。由于刚换过干燥过滤器，所以可能是焊接时引起的堵塞。

故障维修：烤化干燥过滤器与冷凝器、毛细管的接头焊缝，发现毛细管插入过滤器的深度太深，几乎碰到干燥过滤器的过滤网，使得分子筛颗粒进入毛细管引起堵塞。

把冷凝器出口封死，在压缩机工艺管上接修理阀及氮气瓶，向制冷系统中充入0.6 MPa的氮气，由低压端往蒸发器与毛细管进行逆向吹除，使脏物从毛细管入口端吹出。更换干燥过滤器进行重新焊接时，应注意毛细管在上位，冷凝器管在下位，且毛细管口离过滤网距离以5 mm为宜。焊接好后，经检漏、抽真空、充制冷剂后，电冰箱制冷恢复正常。

第五节　电冰箱电气控制系统典型故障分析及排除

【知识目标】

(1)掌握电冰箱常见的电气控制系统故障。
(2)掌握电冰箱电气控制系统典型故障分析及排除方法。

【能力目标】

(1)能正确判断电冰箱的电气控制系统故障。
(2)能正确排除电冰箱电气控制系统典型故障。

【相关知识】

一、压缩机不启动的故障分析与排除

压缩机不启动的原因一般均由电气控制系统的故障造成。造成压缩机不启动的原因有两类：一类是外部原因造成的；另一类是由电气控制系统电路及元件故障造成的。

1. 压缩机不启动的外部原因

造成压缩机不启动的外部原因主要有以下两个方面。

(1)电源发生故障。

这一故障一般是保险丝烧断，或电源插头接触不良，或某一连线松断引起的。

检查方法：先打开箱门，查看箱内照明灯是否亮起。若照明灯不亮，则一般是电源发生了故障。这时可用万用电表的交流电压 250 V 以上挡测量电源插座的电源电压。若测得电压为零，则可能是保险丝烧断或电源插座断线；若测得电压正常，则故障在电源线部分。可用万用电表电阻挡测其插头及有关连接线的通断，找出具体的故障点。

排除方法：查出故障点后进行相应修复即可排除。

（2）温控器调节钮处于"停"的位置。

由于使用不当，造成温控器调节钮处于"停"挡，维修时应注意此现象。

2. 压缩机不启动的内部原因

（1）温度控制器出现故障。

检查方法：温控器是电冰箱或空调器上一个重要的控制器件。如发现反复旋转温控器的调温旋钮仍不能达到正常的温度的自动控制，且开、停机过于频繁或时间过长，长停不开机或长开不停机等，都应重点检查温控器是否发生故障。温控器产生故障一般有两种原因：内部机械零件变形；感温剂泄漏。

打开箱门后将温控器旋钮按照正反方向来回旋动数次，看能否接通。若不能接通，则可断定触点接触不上，亦可在断电后用万用电表检查其触点是否良好。若确认触点接触良好，但压缩机仍不启动，则可用热棉纱给感温管微微加热。若触点不闭合，则说明感温囊内的感温剂已全部泄漏。

排除方法：拆下温控器，修复触点或感温囊后重新使用，或更换温控器。

温控器的检测方法如下。

①确定温控器电触点状态。电冰箱温控器，在室温下，其电触点肯定是闭合的（因为必定高于其开点）。

②温控器电触点检测。用万用表电阻挡测温控器电触点两个接线端的电阻，电触点闭合时，其电阻值应为 0；而电触点断开时，其电阻值应为 ∞。

③温控器电触点状态转换检测。改变温度，用万用电表监测温控器电触点两接线端间的电阻值，看能否从闭合（$R=0$）转换为断开（$R \to \infty$）；或从断开（$R \to \infty$）转换为闭合（$R=0$）。

④改变温度方法。要升温，将感温管靠近点亮的白炽灯或用电吹风对准感温管吹。要降温先将调温旋钮逆时针旋到底，这是控制温度最高的位置，然后将它放入电冰箱冷冻室内，隔一段时间后再取出。

⑤温控器更换原则。

❖同一型号直接更换。

❖用其他型号的温控器代换。代换时，除应考虑其外形及几何尺寸外，还应注意它的温度参数和电参数是否与原温控器相同。

❖更换同一种类型的温控器，即普通型代换普通型、定温复位型代换定温复位型，否则会人为地造成电冰箱不能正常工作。

(2)过载保护继电器出现故障。

电冰箱过电流、过温升保护继电器串联在压缩机电机的主回路中,用于保护全封闭式压缩机。

过电流、过温升保护继电器断路故障的主要原因,是电热丝烧断或电触点烧毁引起的接触不良。也可能是质量较差,如双金属片稳定性不好,内应力发生了变化,致使触点断开后不能复原。上述故障往往是压缩机频繁启动造成的。

检查方法:用万用电表电阻挡测量保护继电器触点是否良好。若接触良好,阻值应为 0。测量电阻丝的阻值也应接近于 0。若测得电阻值为 ∞,则可断定其触点接触不良或电阻丝断裂。

排除方法:更换保护继电器。

检查保护继电器可用替代法、短路法及万用电表检测法。替代法就是用一只好的保护继电器代替原来可能存在故障的保护继电器,如代替后故障现象消失,说明原来的保护继电器确已损坏;如代替后故障现象依旧,则说明故障与保护继电器无关。

短接法就是用一根粗导线将保护继电器的两个接线端短接,如短接后故障现象消失,表明原故障是由保护继电器引起的。如故障现象没有变化,说明故障与保护继电器无关。

用万用电表电阻挡测量保护继电器的两个接线端,正常时其电阻值接近于 0。此时测量到的是其内部的电热丝及常闭触点的电阻。然后,可将它放到倒置过来的电熨斗上,对其加热。隔一段时间,会听到“嗒”的声响(双金属片翻转)。此时,再用万用电表测保护继电器的两个接线端,电阻值应为 ∞。降温后,电触点又会重新闭合。

如果常温下测保护继电器的两个接线端之间电阻为 ∞,则表明它已断路。其原因可能是电热丝烧断,也可能是电触点接触不好。

已确定为碟形双金属过电流、过温升保护继电器的故障,除因电触点接触不良,可进行适当修理外,其他故障均只能更换继电器。

内埋式保护继电器经常出现的故障是绝缘破坏、触点失灵等。其一般不能修复,也不易拆换,只有与压缩机一同更换。

(3)启动继电器出现故障。

由于电冰箱启动继电器一天中要启动几十次,且启动时电流比正常运转时电流大(约为正常运转电流的 5 倍),所以启动继电器也是较易发生故障的部位。

故障原因:启动继电器触电接触不良或电流线圈开路。

检查方法:用万用电表 R×1 挡测量其电流线圈的通断;测得电阻值不到 1 Ω 为正常;若为 ∞ 则可断定电流线圈断路。

排除方法:修复触电、接通电流线圈后继续使用,或更换启动继电器。

检测方法如下所述。

①重锤式启动继电器的检测。

❖电磁线圈检测。重锤式启动继电器属于电流型启动继电器。因为它的线圈和压缩机电机的运行绕组串联，所以线圈所用漆包线的线径较粗，匝数也很少。用万用电表的R×1挡检测，其直流电阻也是接近于0的。如果线圈两个接线端之间的电阻为∞，则表明线圈断路；如果线圈外表面有焦黑的痕迹，则说明它已烧毁。

❖电触点检测。重锤式启动继电器重锤朝下时，电触点断开；而如果倒置，电触点闭合。用万用电表电阻挡判断：重锤朝下时，电阻应为∞；然后将其倒置，电阻值应为0。如果无论重锤在下，还是倒置，电触点的电阻值都不变(始终为∞或始终为0)，则表明电触点已损坏。

❖更换原则。注意所选的启动继电器应与压缩机电机匹配，即它的吸合电流和释放电流这两个主要参数应与压缩机电机的启动过程相适应。

②PTC启动继电器的检测。

PTC器件损坏(一般为断路)后，其故障表现为压缩机无法正常启动。

❖PTC常温检测。在常温下，用万用电表的R×1挡检测PTC两个引出端。正常电阻值为十几欧姆，如 $R=0$ 或 $R \to \infty$，都表明PTC器件损坏。如果PTC器件的温度升高到居里点以上，则PTC器件的电阻值将增大到几百千欧以上。

❖PTC控制功能检测。用图5-9所示的电路检测PTC启动继电器。将PTC启动继电器与一只60 W左右的白炽灯串联后，接通220 V交流电源。刚通电时，灯泡最亮，几秒钟内灯泡逐渐转暗。如果灯泡的状态一直不变(一直亮或一直暗)，则说明PTC启动继电器已损坏。

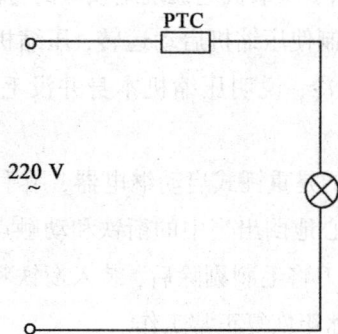

图5-9　检测PTC启动继电器的电路图

❖更换原则。更换时应注意PTC器件的主要参数：一是常温下的直流电阻值应接近；二是其居里点；三是其电功率应大于或等于原PTC器件。

❖用PTC替换重锤式启动继电器。改变压缩机电机的连接线。电机的运行绕组直接接电源(将原接启动继电器线圈的两根线短接)，而将PTC启动继电器接在原启动继电器常开触点的位置上。接好后，再通电试运转，如能顺利完成启动功能，则可替代原重锤式启动继电器。

(4)电机与接线端子出现故障。

①压缩机运行绕组开路。

检查方法：将冰箱断电后，拆下启动继电器(重力式)；然后用万用电表电阻挡(R×1)测量电机运行绕组"M—C"间的电阻，一般运行绕组的直流电阻在 15 Ω 左右(通常启动绕组的电阻值比运行绕组大)；如测得"M—C"间的阻值为∞，则说明压缩机的运行绕组开路。

排除方法：修复电机绕组，或更换压缩机。

②电机绕组引出线与机壳接线柱脱落。

检查方法：出现这一故障时，测量电机的运行和启动绕组电阻值都为∞。

排除方法：切开压缩机上盖后，将绕组引出线与接线柱接牢即可。

3. 维修案例

【案例5.5】故障现象：一台 BCD－185 型电冰箱不能启动，且只听到断续的"咔嚓"声。

故障分析：电冰箱不启动的原因可能是压缩机卡死、电机绕组烧坏、过载保护器断路、启动继电器失灵、温控器损坏等。检查时，先让电冰箱通电，用钳形电流表测量压缩机启动电流和工作电流是否正常，测得启动电流在 5 A 以上，而后又返回到 4 A 左右，但压缩机却能启动运转，这就排除了过载保护器断路的可能。用万用表电阻挡测量压缩机 3 个接线柱之间的电阻值，测得启动绕组和运行绕组的阻值正常，绕组与机壳之间的绝缘电阻也大于 2 MΩ，这也排除了压缩机电机绕组损坏的可能。

可采用人工启动的方法强制使压缩机启动运转，压缩机顺利启动运转，运转电流在 1 A 左右，而且电冰箱开始制冷，说明压缩机本身并没毛病，而是启动继电器发生了故障。

故障维修：该压缩机采用的是重锤式启动继电器，用手摇动它时感觉到其中的衔铁运动有些受阻，将其拆下，小心地倒出当中的衔铁和动触点。发现衔铁受阻是因为启动继电器的骨架上有毛刺。用小刀将毛刺剔除后，装入衔铁和动触点，将启动继电器重新装回压缩机上，试机，最终电冰箱恢复正常工作。

【案例5.6】故障现象：电冰箱通电后，压缩机不启动。

故障分析：通电后，打开电冰箱门，照明灯会亮，说明电源正常。但压缩机不能启动运转，而且也听不到压缩机电机的"嗡嗡"声。用万用表测得温控器的插脚导通。断电后，取下 PTC 启动器和碟形双金属保护器，让压缩机强制启动，压缩机可以启动，说明是 PTC 启动器或碟形双金属保护器断路了。用万用表测量碟形双金属保护器两引脚间的直流电阻，常温下该电阻应很小，但实测值为∞，确定保护器损坏。

故障维修：更换了一个碟形双金属保护器后，试机，压缩机启动运转恢复正常。

二、融霜元件故障分析及排除

1. 电冰箱自动化霜电路元件的检测

（1）化霜加热器和超热保护熔断器的检测。

化霜加热器的电功率一般都较大，其直流电阻较小。用万用电表的电阻挡测量，正常时，一般应有几百欧姆的电阻值。如阻值相差较大，多为化霜加热器被烧断；如阻值为∞，则多为化霜超热保护熔断器熔断，应予更换。

（2）定时器的检测。

化霜定时器有四个接头，其中两个接头是定时电机引出线，另外两个接头是电触点。正常时，定时器直流电阻值在 7 kΩ 左右。化霜定时器的电触点相当于一个单刀双掷开关，其接线图如图 5-10 所示。如 C—B 之间接通（$R=0$），则 C—D 之间应断开（$R\rightarrow\infty$）。再将其手控钮顺时针旋转到出现一声"嗒"的声音时，停止旋动，此即化霜位置。在此时测量应该是 C—B 之间断开（$R\rightarrow\infty$），而 C—D 之间通（$R=0$）。如果再将手控钮顺时针旋转一个很小的角度，又会出现"嗒"的一声。这时，又恢复到 C—B 接通，C—D 断开的状态。

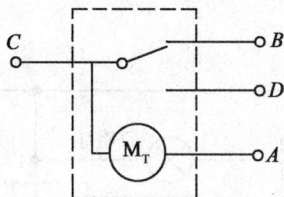

图 5-10 化霜定时器的接线图

2. 融霜元件故障

融霜元件常见故障主要有不融霜、不停止融霜等。对于此类故障，应参照电冰箱的电气控制图进行分析。当蒸发器结霜很厚而不化时，大多为融霜温控器的触电接触不良、融霜电加热器加热丝烧断及融霜定时器触电接触不良等原因。检查时用万用表对照电气控制图进行分析检测，找出故障零件后进行修复或更换。

此外，风扇电机不转也是融霜系统常见的故障，风扇电机不转易造成电冰箱的冷气循环不良，以及结霜严重。风扇电机不转的原因除了门触开关接触不良以外，还可能是由于电机绕组短路、断路、轴被冻结等原因，检测时用万用表测试电机绕组的直流电阻和对地电阻即可判定。对于损坏的风扇电机要拆下进行修复或更换。若由于轴承处结冰而卡住，可用电吹风机将结冰处融化。

3. 维修案例

【案例 5.7】故障现象：冰箱长时间运转不停机，冷冻、冷藏室温度均不正常（冷冻室食物不能冻结），接水盒干燥，无化霜水。

分析与检修：图 5-11 为间冷无霜式冰箱电路图，由于无化霜水，分析可能为化霜电路故障，又因冷冻、冷藏室温度均不正常，也不排除制冷系统有故障。为判断故障点，打开冰箱的双门，停止冰箱运行，几个小时后接水盒开始积水。待蒸发器上的霜完全化掉后，重新启动冰箱，冰箱能够正常制冷，冷冻室、冷藏室温度均正常，这样可以肯定制冷系统没有故障，故障出在化霜电路。取出冷冻室内侧的塑料挡板及保温隔层，用万用表电阻挡测化霜电加热、限温熔断器、化霜温控器及化霜定时器的微电机（在冷藏室内）等均正常，但接通电源，微电机没有运转。用试电笔测量微电机线圈两端均带电，而用万用表测量电压为0 V，初步判断化霜电路零线开路。断电后用万用表的电阻挡进一步检查发现：在断开限温熔断器的状态下，B 点、电源插座的 N 点及电容器的 C 点均不通，而 N，C 两点相通，说明 B 点与 N，C 点的连线开路。由于该连接点被封在冰箱的内外层之间，为避免破开箱体，可设法找到 B 点的同电位点用导线重新连接即可解决问题。于是从 C 点（电容器的一端）引出一根线通过冷冻室至冷藏室的冷气通道到达冷冻室，与 B 点引线相接（用烙铁焊接好），并做好防水处理后，通电试机，定时器微电机正常运转，冰箱也运转正常。数小时后，接水盒中开始有化霜水流入，说明化霜电路正常工作，冰箱故障排除。

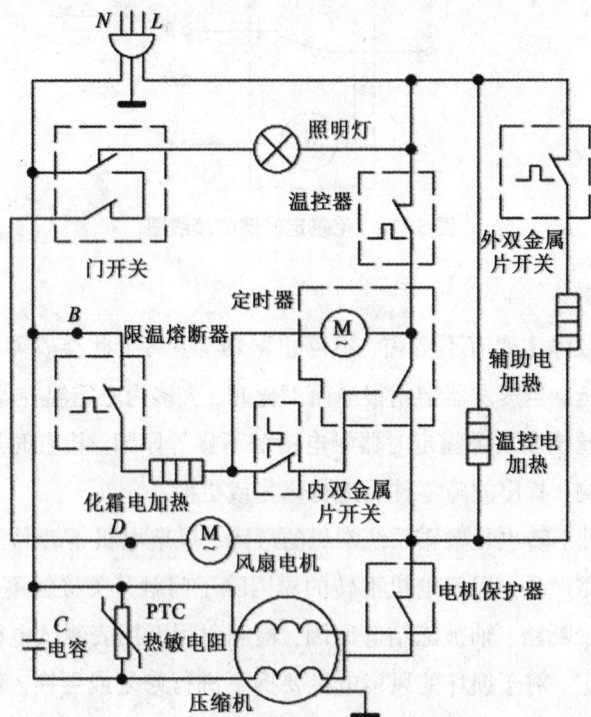

图 5-11　间冷无霜式冰箱电路图

三、电冰箱电气系统故障现象与产生原因及处理方法

电冰箱电气系统故障现象与产生原因及处理方法见表 5-3。

表 5-3　电冰箱电气系统故障现象与产生原因及处理方法一览表

现象	故障情况	检查位置	原因	处理方法
冰箱不运转	电流计不动,以三用电表测试	电源	电源线未接通	检查是否停电或未插电,总开关保险丝是否熔断,电源或插座是否接触不良
		压缩机	(1)马达主线圈折断; (2)冰箱配线折断	(1)换压缩机; (2)检查修理
		继电器	电热线折断	换继电器
		电子控制板	接触不良	换电子控制板
		压缩机	(1)束心; (2)马达层间短路; (3)马达辅助线圈断线	换压缩机
		启动器	(1)动作不良; (2)接点接触不良	(1)换启动器; (2)磨光接点或换新
		电容器	烧坏	换电容器
		电源	电压不正常	向顾客说明
运转时间不长	压缩机不能控制停止	操作按键(冷藏室)	动作不良	换电子操作板
		门环	(1)门环不密; (2)门间隙不良	(1)换门环或调整; (2)调整
		其他	(1)储藏食品太多; (2)储藏太热食品; (3)门开关太频繁; (4)放置地点不当	向顾客说明
	耗电量大	操作按键(冷冻室)	温度设定不当	向顾客说明,并将冷藏室温度设定调"低"
		电源	电压太高(242 V以上)	向顾客说明
		其他	(1)储藏食品太多; (2)放置地点不当; (3)门未密闭	(1)向顾客说明; (2)向顾客说明并设法改善; (3)调整

表 5-3（续）

现象	故障情况	检查位置	原因	处理方法
冰箱运转但不制冷	全部不冷	冷冻系统	(1)冷媒泄漏； (2)灰尘、水分阻塞； (3)吐压不良	(1)换修冷冻系统； (2)换修冷冻系统； (3)换压缩机
	长时间运转不冷		(1)冷媒量不足； (2)灰尘、油阻塞； (3)吐出不良	(1)换修冷冻系统； (2)换修冷冻系统； (3)换压缩机
噪声	运转及启动停止时声音大	压缩机	(1)内部异状； (2)装置不良； (3)电压太低(低于 187 V)； (4)具有撞击声	(1)换压缩机； (2)调整； (3)说明； (4)调整或换新
	启动停止及运转中振动	各部之接触振动	装置、固定接触不良(毛细管、吸入管)	调整
		蒸发盘出声	(1)蒸发盘放置不当； (2)底座之平面度不佳	(1)向顾客说明； (2)调整
		装配	(1)脚调节不良； (2)地板太弱	(1)调整； (2)向顾客说明并改正
		配管	(1)配管接触； (2)配管吸振不良	(1)调整； (2)调整
		压缩机	螺丝固定过紧	调整
流汗(凝露)	运转及启动停止时声音大	食物餐具	顶住门衬致门关不密	排除
		门环	(1)门环不密； (2)门板翘曲	(1)调整； (2)调整或换新
	外箱门表面流汗	其他	(1)湿度特别高； (2)放置高湿度的地方； (3)使用方法错误； (4)装配不良产生隔隙，PU 空洞	(1)向顾客说明； (2)向顾客说明； (3)向顾客说明； (4)改良装配，补充绝缘材料
	箱内流汗溢水或漏水	门	(1)门衬垫材间隙不良； (2)门开关不密	(1)换门封垫材； (2)调整

表 5-3（续）

现象	故障情况	检查位置	原因	处理方法
流汗（凝露）	箱内流汗溢水或漏水	门	(1)门衬垫材间隙不良； (2)门开关不密	(1)换门封垫材； (2)调整
		排水装置阻塞	排水管阻塞	使排水管畅通
		使用方法不良	(1)多水分食品未包覆； (2)夏天开门过于频繁	(1)向顾客说明； (2)向顾客说明
		滴水盘不能承受霜水	放置位置不佳	向顾客说明
其他	漏电	配线及其他电制品	(1)绝缘不良； (2)静电容量	不良部分修理，向顾客说明或使用地线端子
	门开关不顺	合叶部及门止杆	(1)固定部松动； (2)动作不良； (3)磨耗	(1)调整； (2)调整； (3)更换
		门环	门间隙不良	门调整
		箱内	门不正	调整或更换
	门灯不亮	箱内灯开关	接触不良	更换
		箱内灯	(1)断线； (2)灯座不良； (3)配线不良	(1)更换； (2)更换； (3)检查修理

第六章 房间空调器故障判断与维修

空调器的维修包括空调器常见故障的分析与排除、电气控制系统的维修操作、制冷系统的维修操作及通风系统的维修操作等。空调器常见的故障有很多种。空调维修的综合性很强，在整个过程中，都应始终综合考虑产生故障的原因，并根据故障现象逐一分析，用排除法确定故障点后，再进行维修操作。

第一节 房间空调器维修的原则和方法

【知识目标】

(1)掌握空调器维修的基本原则。

(2)掌握空调器制冷系统故障检查的一般方法。

(3)掌握空调器电气控制系统故障的检查方法。

【能力目标】

(1)能遵循空调器维修的基本原则对电冰箱进行初步检测。

(2)能通过空调器故障检查方法对电冰箱故障作初步判断。

【相关知识】

一、空调器维修的基本原则

空调器的维修应该先从简单的、表面的现象分析，而后检查复杂的、内部的问题；先按照最可能、最常见的原因查找，再按照可能性不大的、少见的原因进行检查；先区别故障所在的系统(如电气控制系统、制冷系统、通风系统)，而后按照系统分段，依一定次序推理检查。简单地说，就是遵循筛选及综合分析的原则。了解故障的基本现象后，便可根据空调器构造上及原理上的特点，全面分析产生故障的可能原因；同时根据某些特征判明产生故障的原因(如制冷系统经常发生的故障是制冷剂量不足)，再根据另一些现象进行具体分析，找出故障的真正原因。

二、检查、分析空调器制冷系统故障的一般方法

检查、分析空调器制冷系统故障的一般方法是"一看、二听、三摸、四测"。

1. 一看

仔细观察空调器的外形是否完好，部件有无损坏、松脱，管道有无断裂；空调器制冷系统各处的管路有无断裂，各焊口处是否有油渍，如有较明显的油渍，说明焊口处有渗漏。对于分体式空调器，可用复式压力表测一下运行时制冷系统的运行压力值是否正常。环境温度为 30 ℃时，使用 R22 作制冷剂的空调系统运行压力值为：低压表压力应为 0.49~0.51 MPa，高压表压力应为 1.8~2.0 MPa。

2. 二听

仔细听空调器运行中发出的各种声音，区分是运行的正常噪声，还是故障噪声，即振动是否过大，风扇电机有无异常杂音，压缩机运转声音是否正常，等等。这是故障诊断的常用方法。如离心式风扇和轴流风扇的运行声应平稳而均匀，若出现金属碰撞声，则说明是扇叶变形或轴心不正。压缩机在通电后应发出均匀平稳的运行声，若通电后压缩机内发出"嗡嗡"声，说明是压缩机出现了机械故障，而不能启动运行。

3. 三摸

摸空调器有关部位，感受其冷热、震颤等情况，有助于判断故障的性质与部位。先将被检测的空调器的冷凝器和压缩机部分的外罩完全卸掉，启动压缩机运行 15 min 后，将手放到空调器的出风口，感觉一下有无热风吹出，有热风吹出为正常，无热风吹出为不正常。用手指触摸压缩机外壳（应确认外壳不带电）是否有过热的感觉（夏季摸压缩机上部外壳应有烫手的感觉）；摸压缩机高压排气管时，夏天应烫手，冬天应感觉很热；摸低压吸气管应有发凉的感觉；摸制冷系统的干燥过滤器表面温度应比环境温度高一些，若感觉到温度低于环境温度，并且在干燥过滤器表面有凝露现象，说明过滤器中的过滤网出现了部分脏堵；如果摸压缩机的排气管不烫或不热，则可能是制冷剂泄漏。

4. 四测

为了准确判断故障的部位与性质，在用看、听、摸的方法对空调器进行初步检查的基础上，可用万用表测量电源电压，用兆欧表测量绝缘电阻；用钳形电流表测量运行电流等电气参数是否符合要求；用电子检漏仪检查制冷剂有无泄漏或泄漏的程度。

看、听、摸、测等检查手段所获得的结果，大多只能反映某种局部状态。空调器各部分之间是彼此联系、互相影响的，一种故障现象可能有多种原因，而一种原因也可能产生多种故障现象。因此，要对局部因素进行综合比较、分析，从而全面、准确地断定故障

的性质与部位。如制冷系统发生泄漏或堵塞，都会引起制冷系统压力不正常，造成制冷量下降。但泄漏必然引起制冷剂不足，使高压和低压的压力都降低；而堵塞若发生在高压部分，则会出现高压升高、低压降低的现象。因此，可根据不同的故障现象加以区别，判断是泄漏还是堵塞，具体如表 6-1 所列。

表 6-1　根据故障现象区别空调器故障原因

故障情况	泄漏	不完全堵塞	完全堵塞
高压侧	运行电流和输入功率均低于正常值	运行电流和输入功率正常或稍高于正常值	运行电流和输入功率均高于正常值
	压缩机运行噪声低	压缩机运行噪声正常或稍高	压缩机运行噪声高
	排气管温度比正常值偏低	排气管温度接近正常	排气管堵塞时温度上升
	高压低于正常值	高压略微升高	高压升高
低压侧	低压低于正常值	低压略低于正常值	低压低于正常值
	蒸发器结露不完全	蒸发器结露不完全	蒸发器不结露
制冷（或热泵制热）	不良	不良	不制冷(热泵不制热)

三、空调器故障判断规律

(1)空调有碰撞声或强烈震动声。这是从运动部件中发出的声音，可能在通风系统，也可能在制冷系统，应从这两个系统中去检查。

(2)空调器突然停机或压缩机不启动。这多数是电气系统中的故障，也可能是制冷系统或通风系统引起的故障。因它是从电气控制系统中反映出来的，所以，应从电气系统入手检查。

(3)空调器无冷气、冷气不足或电机拖不动。这是与制冷系统有关的问题，应检查制冷系统。

四、空调器故障判断排查步骤

(1)观察分析制冷系统、送风系统或整机的故障现象，排除由制冷系统、送风系统或水系统造成的故障，确定故障是由电气控制系统引起的。

(2)初步判断电气控制系统故障是出自哪一部分。

(3)通过对可能出现问题的电气执行元件和电气开关类元件进行逐一检测，判明故障出现在强电部分还是弱电部分。

(4)如果故障出现在强电部分，则进行修理或更换。

(5)如果故障出现在弱电部分，则要判断是哪一部分电路出现问题，同时应知道故障出现在哪一块电路板上。

(6)观察出问题的电路板是否有脱焊、烧焦的情况，同时系统地检查接线柱和接线端子是否因松脱、氧化生锈而接触不良。

(7)有条件的可以更换有问题的电路板，否则就要细心测量、修复。

五、电气控制系统故障的检查方法

1. 电路图与实物对照检查

读懂电路图是进行电气系统检修的前提。在读懂电路图的基础上，可根据电路图中的元器件表来识别元器件，并将元器件与电器实物相对应。实际连接的导线看似很乱，在未弄清各导线的用途之前，不要盲目拆卸连接导线，以免恢复连接时出现错误，也可防止损坏电气元件或出现事故。

2. 电气系统中绝缘电阻的检查

用绝缘电阻表测量电器部件与机壳间的绝缘电阻，电阻应大于 2 MΩ。若绝缘电阻小于 2 MΩ，可断开有关线路，逐个分段测量，直到找到漏电的部位，最后更换或修理绝缘性能下降的零部件。

3. 空调供电电压的检查

空调器工作时，一般要求供电电压值在额定电压的±10%以内。在检查电源时还必须检查电源熔断器是否符合要求。电源熔断器一般按照空调器额定电流的 1.5～2.5 倍作为熔断器的额定电流。对于启动频繁、负荷较大的空调器的熔断器，其额定电流应等于或略大于空调器额定电流的 3.0～3.5 倍。

4. 电气控制元件的检查

(1)主控选择开关和其他功能开关的检测。一般选择万用表的欧姆挡测量选择开关和其他功能开关在各种功能操作时的相应触点是否导通，导通状态下电阻值应为 0，不导通状态则为∞，否则说明该开关有故障，应修复或更换。

(2)压敏电阻的检测。压敏电阻常见的故障现象是爆裂或烧毁，多为压敏电阻选择不当、电源过电压、过压时间长、电源接错、组件质量不好等原因造成。正常时压敏电阻值为∞，如果电阻值过小，则说明电阻已损坏。

(3)空调器常用的热敏电阻值是 5，10，15，20，25Ω 等几种。

（4）电容器常见故障为开路、短路、漏电。切断电源，取下连接电容器两端的接线，用导体连接电容器的两个端子进行放电。对于风机电容和压机电容，放电后用万用表 R×1k 挡测量，当表笔刚与电容器两接线端连接时，表针应有较大的摆动，再慢慢回到接近 ∞ 的位置。如表针摆动不大，说明电容量较小；如表针回不到接近 ∞ 的位置，说明电容漏电严重，应及时更换。

（5）二极管性能的检测。

①整流、检波、开关、稳压二极管。从电路板上取下二极管，用万用表 R×1k 和 R×100 挡可检测其单向导电性能。检测方法：将两表笔任意接触二极管两端，读出电阻值，然后交换表笔再读出电阻值。对正常二极管来讲，两次测量值肯定相差很大，电阻值大的常称为反向电阻，电阻值小的称为正向电阻。通常硅二极管的正向电阻为数百至数千欧，反向电阻在 1 MΩ 以上。如果实测反向电阻很小，说明管子已击穿；若正、反向电阻值均为 ∞，表明管子已断路；如果正、反向电阻相差不大或有一个电阻值偏离正常值较多，说明管子性能不良，一般不宜使用。

②发光二极管。发光二极管除低压型外，其正向导通电压大于 1.8 V，而万用表大多用 1.5 V 电池（R×10k 挡除外），所以无法使管子导通，测其正反向电阻均为 ∞ 或很大，难以判断管子好坏。

要检测发光二极管，可用有 R×10k 挡、内装 9 V 或 9 V 以上电池的万用表测量，方法是用 R×10k 挡测正向电阻，二极管会发光。而用 R×1k 挡测反向电阻，判断方法与普通二极管相似。不论何种二极管，测量时还可判断出正、负极，即测得反向电阻时，红表笔所接的管脚为正极，黑表笔所接的管脚为负极。

（6）应急开关。

应急开关的检测：断电后，用手指按住应急开关时，将万用表调至欧姆挡，量程一般选择为 R×1Ω 挡，然后测量应急开关两端的电阻值，目的是判断应急开关与接地之间的通断情况。其通断路情况，按住时电阻值应为 0 Ω 则为通路；手指松开时电阻值为 ∞，则为断路。

维修方法：使用电烙铁将应急开关从电脑板上取下，再将新应急开关用电烙铁焊上。

（7）PTC 电阻。

PTC 电阻是一种正温度系数热敏电阻器，常作为变频空调器室外机启动电阻。当空调器开机时，PTC 电阻导通；当室外机继电器吸合时，PTC 电阻就断开不发挥作用，用以对整机的电源电压和工作电流起限压、补偿和缓冲作用。

故障现象：整机不工作。

检测方法：用万用表选择量程为 R×1Ω 测量 PTC 的两端，电阻值应为（40±10%）Ω，如不是上述电阻值则应及时更换 PTC 电阻。

第二节　房间空调器制冷系统典型故障分析及排除

【知识目标】

(1)掌握空调器常见的假性故障。

(2)掌握空调器制冷系统典型故障分析及排除方法。

【能力目标】

(1)能正确判断空调器的假性故障。

(2)能正确排除空调器制冷系统典型故障。

【相关知识】

一、空调器常见的假性故障

1. 空调器不运行

(1)电网停电、熔断器熔断、空气自动开关跳闸、漏电保护器动作、本机电源开关未合闸、定时器未进入整机运行位置等，即空调器实际上未接通电源。

(2)电源电压过低，电机启动力矩小，电机转动不起来，过载保护器动作，切断整机电源电路。

(3)遥控开关内的电池电能耗尽，正、负极性接反，因而遥控开关不工作，空调器没有接到开机指令。

(4)空调器设定温度不当，如制冷时设定温度高于或等于室温，制热时设定温度低于或等于室温。

(5)正在运行的空调器，若关机后马上开机，则有 3 min 延时保护，这时空调器不会马上启动。

(6)环境温度过高或过低，如制冷时的室外气温超过 43 ℃，热泵制热时的室外气温低于-5 ℃，机内保护装置会自动切断本机电源。

2. 空调器制冷(热)量不足

(1)空气过滤器滤网积尘太多、热交换器盘管和翅片污垢未除、进风口或排风口被堵都会造成热交换机气流不畅，使热交换机的交换率大幅度降低，从而造成空调器制冷(热)量不足。

(2)若制冷时设定温度偏高，则压缩机占空比增大，空调器平均制冷量下降；若制热时设定温度偏低，则压缩机占空比也会增大，从而使空调器的平均制热量下降。

(3)若制冷时，室外温度偏高，则空调器能效比降低，其制冷量也随之下降；若制热时，室外温度偏低，则空调器的能效比也会下降，其热泵制热量随之降低。

(4)空调器房间密封性能不好，缝隙多或开窗、开门频繁，或长时间开启新风门，都会造成室内(热)冷量流失。

(5)空调器房间热负荷过大，如室内有大功率电器或热源，或室内人员过多，室温显然很难降下来。

3. 噪声

空调器内部在运转时会产生一定的噪声，这是空调器的最主要噪声。在通常情况下，这些噪声很有规律，只要其大小在允许的范围内就属正常现象。有时空调器会出现某种异常噪声，但这也不能表示空调器出现故障。例如，窗帘被吸附在空调器风栅上，空调器的运行噪声会改变，只要把窗帘拨开，声音又立即恢复正常；安装在窗框上的窗式空调器，其运行噪声一般会逐年增大，有时还会发出极强的噪声，这常常是窗玻璃松动引起的，只要设法解决好窗玻璃的坚固与消振问题，噪声就会大大减小。此外，压缩机在启动、停机时，会有轻微的"哗哗"的液体流动声，有时还会听到"啪啪"的塑料面板的热胀冷缩声，这些都是正常现象。

4. 异味

空调器刚开机时，有时会闻到怪味，这可能是食物、化妆品、家具、墙壁等散发出来的气体吸附在机内的缘故。所以，重新启用空调器前，须做好机内、外的清洁卫生，运行期内也应定时清洗滤网。平时不要在空调器房间内抽烟，不开空调器时应打开门窗通风换气。

5. 压缩机开停频繁

若制冷时设定的温度过高或制热时设定的温度过低，都会使压缩机频繁地停、开机。只要将制冷时设定的温度调低一点，或将制热时温度调高一点，压缩机停机的次数就会减少。

二、制冷系统泄漏故障分析及排除

制冷系统泄漏是空调器常见故障之一，如不及时检修，将对空调器造成严重的不良影响。第一，制冷剂不足会使空调器回气温度升高，压缩机因得不到应有的冷却而造成损坏；第二，空调器在制冷剂不足的情况下运转，其系统的低压侧将出现负压，外界空气会进入制冷系统，空气中的水分、杂质及各种有害气体与制冷剂发生化学反应，生成盐酸、氢氟酸等腐蚀性化合物，损坏压缩机，尤其是压缩机电机；第三，由于制冷系统泄漏，导致制冷剂不足而造成制冷或制热效果差，使空调器长时间工作，不仅缩短了空调器的使用寿命，而且浪费电力，造成不应有的经济损失。

1. 制冷系统泄漏的主要原因及故障现象

对于使用已久的空调器，由于制冷剂对蒸发器及管路的腐蚀，加之长期工作中室外机组内的管路受振动及相互摩擦造成裂缝、穿孔,从而产生泄漏。对于使用时间不到两年或新安装使用不久的空调器,多因安装时操作不严格,工艺较差或所使用的管路接头、喇叭口、密封件质量低劣,密封不严而产生泄漏。

制冷系统泄漏,使系统内制冷剂减少,造成空调器制冷、制热效率下降。若系统内制冷剂完全漏光,则会出现压缩机虽然动作但完全不制冷(热)的故障。

2. 制冷系统泄漏的判断方法

(1)检查供液管和回气管的温度及结露情况。启动空调器,使其在制冷方法下运转20 min,若室外机组回气阀和回气管上有凝露出现,用手摸回气管的温度明显低于供液管的温度,说明系统内制冷剂充足,且空调器运行正常。有下列情况之一,则表明制冷剂缺少:①供液管结露,回气管不结露;②供液管结霜;③供液管不结露仅微凉,回气管不凉;④供液管及回气管均不凉。

(2)测量回气阀处的压力。空调器大多使用 R22 作为制冷剂,使用状况大致相同,其运行时的压力有一定规律。将压力表接至空调器低压角阀加液口,测其运行时的低压压力。正常情况下,在环境温度为 30 ℃ 左右时,制冷运行的低压压力为 0.45~0.55 MPa,热泵型空调器在制热运行时应为 1.8 MPa。若低于上述压力,则说明制冷剂不足。压力越低,说明泄漏量越大。若基本无压力,则说明制冷剂已漏光。

(3)充氮气加压(充入 1.5 MPa 氮气),观察两根连接管的四个接头,气液阀的阀杆、加液口等部位是否有油迹。有油迹,则说明泄漏。

(4)使用检测仪查找泄漏的大体部位,然后涂上肥皂水,若有气泡出现,则为漏点。

(5)热泵型空调器的室内机组和连接管部分的检漏,应在制热运行状态进行,因这时被检查部位处于高压状态,比较容易发现漏点。

查出泄漏原因和补漏之后,要对整个系统进行试压检漏,确定无泄漏后再进行抽真空、充注制冷剂的操作。

3. 维修案例

【案例 6.1】故障现象:一台 KFR-32GW 型分体式空调器使用两个月后制冷效果变差。

故障分析:可能是制冷系统有泄漏故障。开机观察,发现制冷管路的连接头处有油迹,怀疑连接头未拧紧,但将连接头拧紧后,仍有油迹渗出,判断为连接管的密封胶圈密封不严。拆下连接头,发现密封胶圈已变形,从而导致泄漏。

故障维修:更换密封圈和连接头后补充制冷剂,故障排除。

【案例 6.2】故障现象:一台 KFR-35GW 型分体式空调器的室内、外机均运转正常,但不能制冷,也不能制热。

故障分析:为了准确找到故障,用一只钳形电流表,钳于电源零线上,开启压缩机,测其电流值并与额定电流相比较,测得该空调器运转电流为 5 A(正常应为 6.2

A），表明没有负载电流，故判断系统内的制冷剂已基本漏掉。然后检查低压管，发现其被腐蚀。

故障维修：补焊穿孔后，抽真空、充入制冷剂试机，故障排除。

三、制冷（热）效果差故障分析及排除

1. 空调器制冷（热）效果差的原因分析

空调器制冷（热）效果差的原因如下：

（1）制冷剂不足或泄漏；

（2）制冷剂充注量过多；

（3）毛细管或干燥过滤器堵塞，使流入蒸发器的制冷剂减少（完全堵塞，则无制冷剂流入），导致制冷（热）量下降或完全不能制冷（热）；

（4）制冷循环系统中存在不凝性气体；

（5）运转电容器接触不良或损坏，风扇电机电源断路或风扇电机损坏，导致风扇不转；

（6）空气过滤器网堵塞，通风不良，导致冷（热）空气不能有效循环；

（7）室外冷凝器积灰太多，通风不良或有障碍物使气流受阻，造成散热不良；

（8）电磁四通阀损坏或不到位，导致高、低压串通，影响制冷（热）效果；

（9）压缩机气阀关闭不严，机件严重磨损使间隙增大，造成排气能力下降，导致制冷效果降低；

（10）风扇电机电源断路或风扇电机损坏，导致风扇不转，影响冷凝效率，造成制冷效果降低。

2. 空调器制冷（热）效果差的排除方法

空调器制冷（热）效果差的排除方法如下：

（1）检漏，调整制冷剂充注量，使高、低压力维持在正常工作范围之内；

（2）清洗制冷系统，排除堵塞，对系统抽真空，排出不凝性气体，重新充注制冷剂，调整空调器空座状态。

（3）若冷凝器积灰太多，通风不良或有障碍物使气流受阻，造成散热不良，则需吹洗冷凝器，用翅片梳拨正倒伏的翅片，卸下空气过滤网，用中性温水清洗。

（4）检修制冷设备的故障，如压缩机、风扇电机、热力膨胀阀、四通换向阀等，排除机械运动部件的损伤，磨损严重的部件应予以更换。

3. 空调器热力膨胀阀安装注意事项

（1）安装时应尽量靠近蒸发器入口，阀体要垂直安装。

（2）为了保证感温包里是液体，要求感温包要安装得比阀体低一些。

（3）感温包尽可能安装在蒸发器出口水平回气管上，并远高于压缩机吸气口 1.5 m。

（4）感温包不能安装在有制冷剂集液的管路上。

（5）若蒸发器出口带有气液交换器，一般将感温包放在蒸发器出口，即气液交换器之前。

（6）感温包应紧贴管壁扎实，应清除接触处氧化皮。

（7）当回气管直径小于25 mm时，感温包可扎在管顶部；当回气管直径大于25 mm时，可将感温包扎在回气管侧面45°处，以防止管子底部的集油影响感温包感温。

4. 热泵型空调器四通阀的检修方法

（1）常见故障及原因分析。

①四通阀内部泄漏。当四通阀内部的活塞或滑块变形或破损时，就会造成高低压气体相互串气，导致四通阀换向困难或不换向，运行效果差。

②四通阀外部的毛细管泄漏或堵塞，不能引导四通阀换向，并且制冷剂（泄漏）也会跑光。

③四通阀线圈烧坏。空调器制热过程中，四通阀线圈一直处于通电过程中，有时线圈会发热烧断，导致不能换向。

④四通阀线圈磁力不足。如果供电电压太低或者线圈没有安装到位，就会导致磁力不足，引起动作失灵，并且伴有线圈噪声。这种情况还容易导致线圈烧坏。

（2）更换四通阀的快速实用方法。

确定四通阀损坏后，最好选用同规格、同型号的四通阀更换，更换方法如下。

①将机上旧的四通阀全部焊下。

②换上新的四通阀，取下电磁线圈。四根铜管接口摆正位置，保持原来的方向和角度，换向阀必须处于水平状态。

③焊接时先焊单根高压管，然后焊其他三根的中间一枚低压管，再焊其余两根。

④选用适当的焊把，火焰调到立刻能焊接的程度，火到即焊。这时用两块湿毛巾给四通阀与铜管端降温，保证火焰高温不会将阀体内部的橡胶和尼龙密封件烤变形，以免造成四通阀内部泄漏损坏。

⑤要做到看得准、动作快，按顺序一根一根地焊接，第一根完全降温再焊第二根；速度快，待四通阀温度没升高时就焊完。

⑥四根接口焊好后，用湿毛巾降温，达到四通阀使用要求。

5. 维修案例

【案例6.3】故障现象：空调器制冷效果差。

原因分析：分析该故障时，首先应分清是压缩机还是四通阀故障。根据压力测试与手摸感觉，找出故障点。一般四通阀串气的原因是：进气、出气口温差较小，阀体内有较大的气流声，压缩机回气管吸力较大，贮液气温度较高。

用户电源电压为220 V，并反映空调制冷一段时间后包厢内冷气很少。上门检查，测得空调低压压力为 0.65 MPa，明显偏高。放制冷剂到 0.55 MPa 时，室内机出风口冷气很少，测量工作电流为 7.3 A。正常触摸高、低压铜管，低压管比较冷，高压管冷的感觉很少，证明压缩机基本无故障。这时看压力表又升到了 0.36 MPa。用手摸四通换向阀的四根铜管，接压缩机排气管的一根温度较高，另外三根也均有热感。将空调工作模式换到制热状态，听到四通阀不是很强的换气吸合声，但制热效果也不是很好，判定为空调的四通阀故障。

解决措施：更换四通阀，抽真空检漏，加氟。

【案例 6.4】故障现象：空调器制冷效果差，外机运行一段时间后停机。

原因分析：该用户空调为去年安装机，安装后一直反映空调效果不好，维修人员多次上门检查空调，其数据为：空调运行电流为 12.5 A，压力为 0.5 MPa，出风温度为12 ℃，进风温度为 30 ℃。从以上数据来看，空调正常，但运行一段时间后空调电流逐渐升高，出风温度渐渐上升。1.5 h 后空调保护，维修人员根据维修经验判断为外机热保护，检查外机散热环境良好未有阻碍，也非西晒，冷凝器也不脏。维修一时陷入僵局。之后，维修人员发现如果用水淋冷凝器，外机则不会保护，判断可能故障为：①压缩机故障；②系统制冷剂轻度污染；③管路问题。根据现象及故障分析，首先检查系统问题及管路问题，低压连接管在出墙洞时有压扁现象，造成系统堵塞，制冷差。

解决措施：重新处理好管道，试机一切正常。

6. 空调制冷系统维修安全操作规范及制冷系统故障快速判断表

空调制冷系统是一个压力系统，并且在维修时可能进行焊接、通电运行等操作，所以存在触电、冻伤、烫伤和爆炸等危险。为了保护操作人员的切身利益和生命安全，维修人员要自觉遵守以下安全操作注意事项。

（1）整体检查。

如果需要检测机器的压力、系统各点运行温度值等参数，若为分体机必须在连通室内、外机的情况下进行。

如果需要连接压力表检测压机排气压力，请在机器静态时连接好压力表，避免在运行时连接造成高温烫伤。

如果需要用手感触压机排气口至冷凝器段管路的温度，请先用手指快速试探，以免造成烫伤。

（2）焊接操作。

如果需要进行焊接操作，必须先放掉系统里的制冷剂，在焊接时请戴好防护眼镜。放制冷剂过程中，操作人员不得面对工艺口或将工艺口对着他人放气，避免被制冷剂冻伤。焊接时请遵守相关的焊接安全操作规程。

（3）压力检漏。

如果需要对系统实施压力检漏，必须使用氮气进行，严禁使用其他易燃易爆气体。充入系统的氮气压力不允许超过 3 MPa。

在使用充氮接头进行充氮时，接头不得对着人和其他可能造成损害的地方，以免接头飞出伤人或导致其他损失。严禁在压缩机工作的情况下充入气体检漏。

（4）通电运转。

在单独对分体机室外机组维修时，不得在高压阀门或低压阀门关闭的情况下通电运行，避免压力过高产生系统爆裂事故或压缩机真空运转产生爆炸事故。在对室外风扇系统进行检查时，如果需要通电运转，必须保证在空调面板和风扇网罩安装好的情况下进行。在通电的情况下检查机器请遵守相关的电工安全操作规程。

（5）压缩机检查。

如果需要对压缩机进行吸、排气性能检测，可单独拆下压缩机，并在空气中通电运转，严禁在封死压机排气口或吸气口的情况下运行压缩机。不允许利用压缩机进行抽真空操作。

（6）充制冷剂操作。

如果需要在低压侧进行动态充制冷剂操作，请使用复合式压力表缓慢地进行，不允许把制冷剂钢瓶倒置，应尽可能保证加入系统的为气体状态的制冷剂。若为分体机则必须保证此过程中室内、外机处于连通状态。

如果在系统完全无制冷剂的情况下充制冷剂必须先对系统抽真空，在保证真空的前提下才可以充制冷剂。

在加制冷剂过程中，应同时观察系统的压力情况，如有异常请及时终止操作。

（7）外机清洗。

如果需要对机器进行清洗，必须先拆下相关的电气零部件，清洗后接上电气零部件必须在各连接处完全干燥之后进行。

清洗过程中压缩机接线柱必须做好防水保护措施，如果不慎沾水，请用干净的布擦干，并尽可能使之在最短的时间内完全干燥。

空调器制冷系统故障快速判断见表 6-2。

表6-2　空调器制冷系统故障快速判断表

观察部位	故障原因								
	空调器正常	制冷剂不足	过滤器堵塞	制冷剂全部泄漏	冷凝条件不好	蒸发器外部受阻	制冷剂过多	系统内有空气	压缩机高低压泄漏
低压（环境30℃）	0.45~5.0 MPa	低于正常压力	低于正常压力	基本上无压力	高于正常压力	低于正常压力	高于正常压力	高于正常压力	高于正常压力
高压（环境30℃）	1.9~2.0 MPa	低于正常压力	略低于正常压力	基本上无压力	高于正常压力	正常	高于正常压力	高于正常压力	低于正常压力
停机时平衡压力	环境温度下的饱和压力	环境温度下的饱和压力；严重时低于饱和压力	环境温度下的饱和压力	基本上无压力	环境温度下的饱和压力	环境温度下的饱和压力	环境温度下的饱和压力	环境温度下的饱和压力	环境温度下的饱和压力
压缩机声音	正常	较轻	略轻	轻	响	轻	响	响	轻
压缩机吸气管温度	冷，结露，潮湿天气更是大量结露	少结露或不结露	不结露，温	温	温	冷，结露多	冷，结露多	冷，温，结露少	温，甚至热
压缩机排气管温度	热，烫，环境温度加55℃	热，温	热，温，环境温度加55℃	温	烫，超过环境温度55℃	热，略低于环境温度加55℃	热，烫，高于环境温度加55℃	热，烫，高于环境温度加55℃	热
压缩机壳体温度	90℃左右	温升高，超过90℃	温升高，超过90℃	热，烫，超过90℃	温升高，超过90℃	低，结露过多	低，结露过多	温升高，超过90℃	热，烫，远超过90℃

冷凝器	蒸发器	过滤器	毛细管
热，环境温度加 15 ℃（45~55 ℃）	冷，全部结露，环境温度减 15 ℃	温，环境温度加 2~5 ℃	常温
热，温	局部出现结霜，甚至出现结冰层	出口处会结露，甚至结霜	冷，甚至结露，结霜
温	温	温	温
温，低于环境温度加 15 ℃	局部结露	冷，结露，结霜	结露，结霜
温	温	温	温
过热，高于环境温度加 15 ℃	冷，不结露，高于环境温度减 15 ℃	热	温，热
热，略低于环境温度加 15 ℃	冷，结露过多后出现结霜并逐渐扩大至结冰	温	常温
热，高于环境温度加 15 ℃	冷，结露过多	温，热	常温
热，高于环境温度加 15 ℃	冷，但结露少，高于环境温度减 15 ℃	温，热	温
温，热	温热	温	温

第三节　空调器电气控制系统典型故障分析及排除

【知识目标】

(1)掌握空调器常见的电气控制系统故障。

(2)掌握空调器电气控制系统典型故障分析及排除方法。

【能力目标】

(1)能正确判断空调器的电气控制系统故障。

(2)能正确排除空调器电气控制系统典型故障。

【相关知识】

一、整机不工作的故障分析及排除

1. 整机不工作的故障分析

开机后空调器无动作,这种情况是电源没有导通,要逐个检查有关的电气元件。

(1)电源线中有无电流。要检查控制电源线的电气元件,如闸刀开关或空气开关是否切断电源。

(2)如果电源正常,检查接收器是否正常。

(3)如果电源与接收器均正常,应检查控制板上的保险丝是否熔断(用万用表阻值挡测其是否为导通状态),检测压敏电阻是否开裂(其导电性能为非线性的,正常情况下为∞),检查变压器是否损坏(用万用表欧姆挡测量,初极一般在几百欧姆,次极一般为几欧姆)。

(4)开关板与室内机控制连线的接插件是否接触良好。分体式空调电气控制系统由三部分组成,即开关板、室内机控制板和室外机控制板。开关板与室外机控制板的连接线接头是接插件,虽然接插后能自锁,但也会松脱或接触不良,要加以检查。

(5)按键开关是否损坏。检查运行键触电是否接触不良或按键零件是否损坏。

(6)检查室内控制板是否损坏。

2. 故障排除操作注意事项

(1)检测元件和分析控制关系之前,应切断电源,不可带电检测和拨动端子。

(2)用万用表测量通断时,应使转换开关拨至欧姆挡,断电测量;用万用表测电压时,表笔切勿碰到别的电器,以免短路。

(3)空调器常用检测仪表、工具、设备的使用应严格遵守其安全操作规程。

(4)对照控制电路原理图复核接线情况，确认接线正确无误后，进行开机调试。

(5)空调器修复后应进行必要的性能检测，以便检查修理质量是否符合要求。

3. 维修案例

【案例6.5】故障现象：空调器整机无显示。

存在的问题：空调室内机变压器烧坏。

故障分析：空调室内机是由交流市电220 V供给，220 V经过压敏电阻和保险丝再到变压器初级变压后次级为 AC 12~14 V 输出供给室内电脑板使用。由此可以分析为：

(1)外部电路出现问题(如空调电源空开有问题或电源线断路)；

(2)变压器烧坏或室内机电脑板上的保险、压敏电阻(ZNR)烧坏；

(3)室内机电脑板上的稳压元件7812或7805损坏；

(4)操作板故障(如接线松动或按键损坏)。

故障检测排除：按"开/关键"开机，空调器整机无反应。打开室内机接线盒，检查接线端子已有市电(220±10%) V 电压输入，再检查室内机电脑板上的保险丝和压敏电阻均良好。然后测量检查变压器的初级有 AC 220 V，次级没有 AC 12~14 V 输出，证明变压器已烧坏。

处理过程：更换上好的变压器，试机正常。

二、室内风机运转，压缩机不运转故障分析及排除

1. 室内风机运转，压缩机不运转故障分析

(1)电源缺相或电压过低，检查电源线及测量电压值。

(2)压缩机电流过载，检查压缩机保护壳体上的过载保护器是否起跳。在压缩机的接线盒处通过万用表电阻挡测量绕组是否导通，若不通则说明过载保护器已起跳，并切断了电源，5 min 左右会恢复。

(3)风机过热或室外机组风机过载保护器损坏。风机超负荷运行时，其绕组温升过高，过载保护器会起跳切断电源，可检查风机的进线接头是否导通。若不通，则说明起跳，等冷却后会恢复；若不恢复，说明过载保护器损坏，应进行更换。

(4)风机电机接线头接触不良。另外，要检查压缩机壳体接线盒内的接线是否因松弛而接触不良。

(5)交流接触器线断路，电机无电源进入。

(6)高压压力控制器故障，可用万用表测量触电接头是否导通。

(7)微电脑控制板故障，检查温度控制电路和压缩机继电器控制电路。

(8)低压压力继电器起跳切断电源。

(9)压缩机电容器损坏。

(10)压缩机电机故障。

2. 电气元件的检查

(1) 压缩机电机的检查。

电机绕组故障较为常见，先检查电机绕组。

对于单相电机的运行绕组和启动绕组的检测方法，常用的是电阻测量法。

检查步骤：使用万用表的欧姆挡中的 R×1 挡或 R×10 挡，分别测量 C，R，S 每两个端子间的电阻。小功率压缩机电机绕组电阻值参照见表 6-3。

表 6-3 小功率压缩机电机绕组电阻值参照表

电机功率/kW	启动绕组电阻(C~S)/Ω	运行绕组电阻(C~R)/Ω
0.09	18	4.7
0.12	17	2.7
0.15	14	2.3
0.18	18	1.7

电机总电阻为启动绕组阻值与运行绕组阻值的和。

还需注意的是，电机所处温度不同，其绕组阻值也不同。

单相电机常见故障与处理方法见表 6-4。

表 6-4 单相电机常见故障与处理方法

故障现象	原因	处理方法
电机不启动	电源停电或断电，定子绕组有断点；负载过大，电容器损坏或开路	检查电源熔断器、开关接头及连线，发现断开应及时更换熔丝，接好连线用万用表检查绕组是否断路；更换电容器，消除过载
电机带负载运行时，转速低于额定值	电压过低，负载过大	检查电源电压，查明过载原因
电机外壳带电	电机接地线断开或松动，电机绕组绝缘受损或引出线与机壳相碰	检查接地线，若有松动或开路，应重新接好；用摇表检查相间、每相引线与机壳间的绝缘电阻(检查每相引线与外壳是否相碰时，需将接地线断开)
电机运行中声音异常	风机风扇与风道相碰；轴承损坏或严重缺油；电容器容量减少；电压过低	检查风机；更换轴承，补充润滑油；更换电容器；检查电源并及时调整
电机温升过高或冒烟	电机过负荷，如风叶卡住；电源电压太高或太低；定子绕组匝间对地短路	查明过负荷原因并排除；调整风机扇叶；调整电源电压；更换电机

（2）压缩机电机启动运行电气零件的检查。

①电容器的检查与更换。

电容器损坏造成的故障现象：压缩机不能启动，导致整机电流过大，使电路中的熔丝烧断或使过载保护器动作。若压缩机启动时电流过大，或有"嗡嗡"声而不能启动运行，绝大多数是电容器损坏，一经检查确定，应及时更换。

检测方法：采用万用表检测电容器或用替换法。更换电容器时要注意它的规格。

②空调器的压力式启动继电器。

压力式启动继电器故障现象：压缩机的运转失调，启动时不能使触头闭合，压缩机不能启动，或压力式启动继电器在启动后不能从电路中切断。

检查方法：用万用表测试压力式启动继电器在通常情况下是否能导通。

维修方法：替换法或跨接法。跨接法是对其进行试验，参照电路图将电路中的启动继电器暂时用跨接导线代替，若压缩机能顺利启动，则表明启动继电器已坏，应更换新的。

压力式启动继电器在电源太低时会发生颤动，触点有凸凹不平时会产生噪声，遇此情况应进行修复，一般用细砂纸将触点打磨平整或更换新的触点。

③温控器的检查与更换。

❖双金属片温度控制器。

常见故障：触点接触不良、内部断裂、脱焊或冷热切换失灵等。

检测方法：可用万用表分别测量对应触头在室内温度给定值以下时，触头是否能接通；在室内温度给定值以上时触头能否断开。一经确定故障原因，可及时维修或更换。

❖感温波纹管式温度控制器。

常见故障：触头接触不良或烧毁，造成动触点不能闭合而失控。

检查方法：空调器接通电源后，将温控器旋钮向正、反方向旋转几次，观察压缩机能否启动。检查触头有无损坏，若完好，则应检查是否为温度调节螺钉调节不当引起控制失效。若是此原因，应及时调整。若是感温包、毛细管破损造成制冷剂泄漏，可从外表面观察，还可对感温包稍微加热，看其触头是否动作。若触头不动作，表明感温包里的制冷剂已漏光，应更换温控器。

④热保护器的检查与更换。

常见故障：双金属片不复位、电热丝烧坏、接点粘连、跳开温度过低等。一经检查发现有已损坏的元件，应及时更换新的元件。

检查方法：置换法和跨接法，也可用万用表检查。

⑤电加热器的检查与更换。

常见故障：绝缘损坏、电热丝烧断、丝间短路等。

检查方法：可用万用表测试其电阻值，若为∞，则断路；若电阻值很小，则短路。由于电加热器是由温控开关选择器进行控制，因此还应对选择开关进行检查。当选择开关调至"热"时，不见热风吹出，可能是电热丝故障，也可能是转换开关故障。

⑥风扇的检查。

常见故障：叶片破损、碰壳或接线错误等。

检查方法：从外观和运行杂音分析其机械损伤；在线路检查方面，可用万用表检查绕组有无断路和短路；若电机配置有运转电容器，还需检查电容器是否有故障，因为电容器故障也会使风扇不能正常运转。

3. 压缩机不能运转的故障分析

压缩机不能运转的故障分析顺序框图如图 6-1 所示。

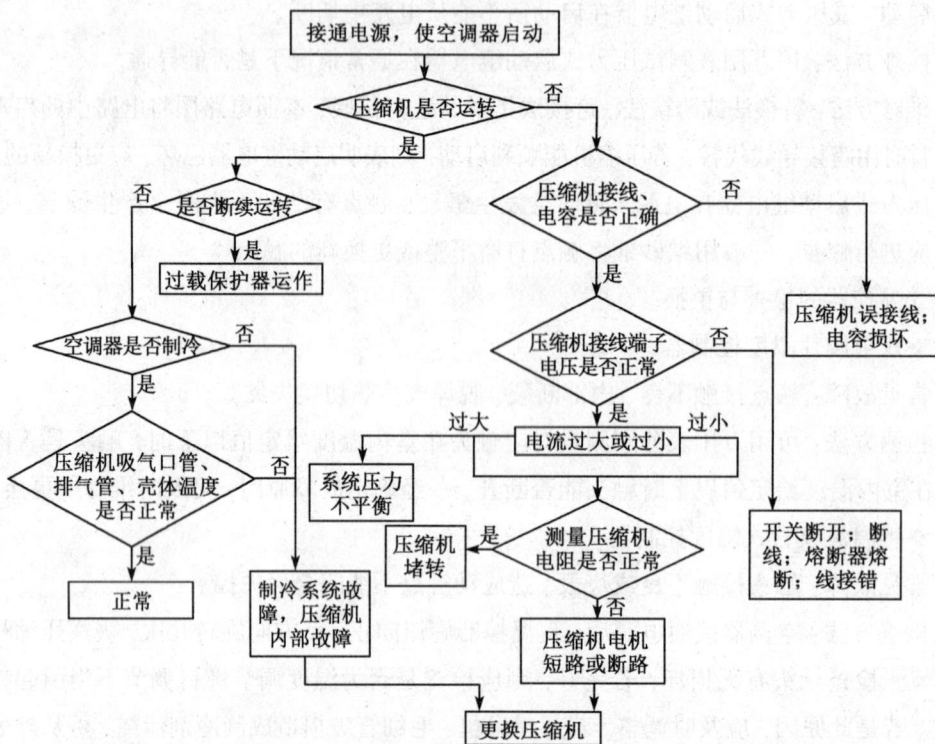

图 6-1　压缩机不能运转的故障分析顺序框图

4. 空调器修理后的检查与试运转

(1)空调器维修后，接通电源，观察压缩机、风机等能否正常运转。

(2)检查维修后的空调器是否漏电。空调器通电后，外壳或旋钮带电会对人体产生电击现象。用试电笔检查有较强亮光，是严重漏电；手触空调器外壳及旋钮有麻手感觉，用试电笔检查有微亮，是轻微漏电。空调器漏电是电气绝缘破坏所致，会危及人身安全，必须避免。

(3)检查空调器制冷情况。空调器在强冷挡通电运行 5 min 后，有冷风吹出，蒸发器表面有凝露，冷凝器有热风吹出，则空调器制冷正常。

(4)热泵型空调器要检查能否换向制热。

（5）空调器运行时应无异常噪声。空调器的离心风扇、轴流风扇运行正常时，高速、低速分明，噪声低；压缩机运转正常时，振动小、噪声低。

5. 空调器维修后的性能测试

空调器维修后，经过简单的检查与试运转后，还必须对其电气配件、绝缘电阻、管路及主要工作性能进行检查，以便检验维修质量是否符合要求。

（1）线路检查。空调在维修后，应按照电气原理图检查电气配线的连接是否正确，线路是否缠绕，是否与其他凸起物接触，配线绝缘层是否损坏，等等。

（2）管路检查。主要检查管路连接是否正确，接头及配管是否漏气，分体式空调器室内、外机组的连接是否牢固，管路之间是否相碰，管路与压缩机之间及管路与风扇之间是否相碰，等等。

（3）绝缘电阻检查。用 500 V 的绝缘电阻表检查电源插头接线柱与机壳金属部件之间的绝缘电阻值，其应大于 2 MΩ。

（4）制冷系统泄漏检查。用洗洁精或电子检漏仪等检查制冷系统内的泄漏情况，检查的重点部位为管路各连接处。

（5）风机电机启动性能检查。接通电源，检查风机电机是否能正常启动运转，风量是否正常，风机风叶是否接触其他配件。

（6）压缩机启动性能检查。接通电源，检查压缩机能否正常启动，压缩机运转声响是否正常。压缩机启动性能检查要反复进行几次，每次停机后的再次试机，一个间隔为 3 min 以上。

（7）检查工作电流。用钳形电流表检测工作电流是否过大。

（8）检测冷凝器。空调器启动后检查冷凝器通风是否良好，运行几分钟后，检查冷凝器是否出热风。

（9）检查蒸发器。空调器在强冷位运行 30 min 后，检查蒸发器表面是否有 70% 以上的结露（蒸发器的结露情况与空气的湿度及温度有关），手感是否发凉。

（10）检查送风温差。空调器在强冷位运行 30 min 后，用温度计测试空调器回风温度与送风温度，两者之间的温差应大于 8 ℃。空调器的送风温差测定方法如图 6-2 所示。

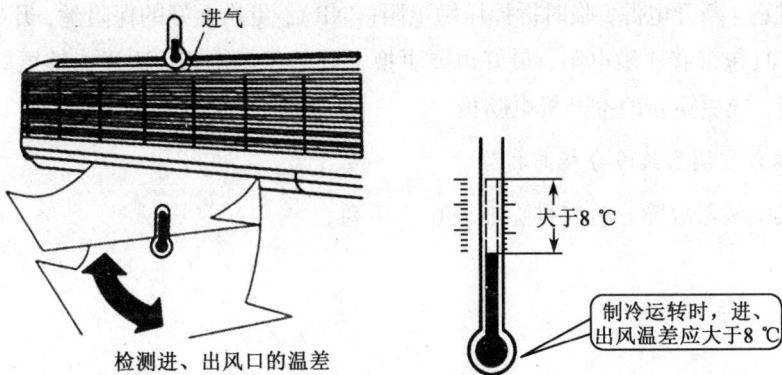

图 6-2　送风温差测定

（11）检查阀类。检查电磁换向阀等能否正常运转。

（12）检查排水。检查室内冷凝水是否能正常排出室外，是否有滴漏、堵塞等现象。

6. 维修案例

【案例6.6】故障现象：空调室内机工作正常，室外机风扇运转，压缩机不运转。

存在问题：室外机三相保护器损坏。

故障分析：（1）室内机工作正常，室外机风扇也运转，说明室内机没有故障，已有信号输送到室外机。

（2）室外机故障原因：①压缩机损坏；②市区电缺相；③压缩机交流接触器损坏；④三相保护器损坏。

故障检测排除：室内机工作正常，室外机风扇也运转（说明室内机没有故障）。打开室外机盖，则发现压缩机不工作。测量市电已有 380 V 电压到室外机，在测量三相保护器上的接线触点时发现，A 点与零线测量有 220 V，但是 C 点与零线测量没有 220 V，证明三相保护器已损坏。

处理过程：更换新的三相保护器，试机正常。

【案例6.7】故障现象：空调器室内机工作正常，室外机不工作。

存在问题：室外机电脑板上的保险丝和压敏电阻（ZNR）烧坏。

故障分析：（1）室内机没有信号输送到室外机或室内、室外机连接线故障。

（2）室外变压器烧坏或室外机电脑板故障或室外机电脑板上的保险和压敏电阻（ZNR）烧坏。

故障检测排除：检查室内机电脑板，没有发现烧坏的元器件。开机几分钟后，测量室内机接线端子的信号线，输出正常（说明室内机没有故障）。打开室外机的侧盖，则发现室外机电脑板上的保险和压敏电阻（ZNR）都已烧黑（说明保险和压敏电阻已烧坏，需要更换）。同时应测量一下室外机变压器是否完好，因为有时保险和压敏电阻烧坏时，变压器也会烧坏。测量变压器的方法为：断电测量，万用表选择 200 Ω 挡，测得初级线圈阻值通常会比次级线圈阻值大 10 倍以上（说明是好的）。

处理过程：断开电源，临时拆掉压敏电阻（ZNR），更换上好的保险丝，开机，试机正常运行。工具包带有压敏电阻，最好也要更换上好的压敏电阻，这样能够更好地保护室外机电脑板，或更换新的室外机电脑板。

7. 分体式空调器故障分析与排除

分体式空调器故障分析与排除如表6-5所列。

表 6-5　分体式空调器故障分析与排除速查表

故障现象	原因分析	检查与排除方法
热泵型空调器制冷或制热时压缩机不转动,但室外风机运转	(1)制冷压缩机电机故障; (2)制冷压缩机故障	(1)检测或更换; (2)检测更换
制冷运转时,送风机和压缩机均不运转	(1)冷凝器积灰过多;室外机组周围空间过小;室外风机转速过慢等造成风冷冷凝器换热不良; (2)室外机组空气短路或室外机组附近有热源; (3)四通阀内部泄漏; (4)压缩机电机绝缘不良; (5)电源熔断器或户室熔丝损坏; (6)压缩机过流保护器损坏	(1)清扫;保证室外机组有足够的空间;更换室外风扇电机; (2)去除障碍物,保证气流畅通;去除热源; (3)更换; (4)测量、更换; (5)检查、更换; (6)检测、更换
制热过程中压缩机和风机都不转动	(1)室内热交换器灰尘过多; (2)室内风机转速过慢; (3)室内机组气流短路; (4)四通阀内部泄漏; (5)空调器熔断器损坏	(1)清扫; (2)更换电机; (3)清除短路因素; (4)更换; (5)更换
空调器运转但室内冷却效果差	(1)制冷剂泄漏; (2)室内逆止阀误动作; (3)室内热交换器通风差; (4)室外热交换器灰尘多或有高大障碍物; (5)室外机组短路或附近有热源; (6)四通阀内部泄漏; (7)压缩机损坏; (8)制冷系统故障（毛细管、管路等堵塞)	(1)检漏后补充制冷剂; (2)测定阀前后温度并更换; (3)清扫灰尘; (4)清扫灰尘、清除障碍物; (5)去除阻碍物和热源; (6)检测阀前后温差并更换; (7)检测并更换; (8)按照相关的检修方法给予排除
空调器运转但室内制热效果差	(1)除霜不彻底; (2)其他原因与冷却效果差相同	(1)检查恒温除霜器或更换; (2)和"冷却效果差"的处理方法相同

表 6-5(续)

故障现象	原因分析	检查与排除方法
空调器运转有异音	(1)机内有异物; (2)风扇与外壳相碰; (3)压缩机声音异常; (4)接触器声音异常; (5)箱体有振动	(1)取出; (2)检查、调整; (3)检查、调整、紧固或更换; (4)检测、修复或更换; (5)检查并消除振动因素

第四节　空调器通风系统典型故障分析及排除

【知识目标】

(1)掌握空调器通风系统故障检测方法。

(2)掌握空调器常见的通风系统故障。

(3)掌握空调器通风系统典型故障分析及排除方法。

【能力目标】

(1)能正确判断空调器的通风系统故障。

(2)能正确排除空调器通风系统典型故障。

【相关知识】

一、空调器通风系统故障检测方法

空调器通风系统的故障一般出在风扇叶片和风扇电机上,其检测方法可以归纳为"一看、二听、三摸、四闻、五测"。

1. 一看:观察法(检测风机故障)

(1)观察风机的运转方向。

空调器风机运转方向有顺时针运转,也有逆时针运转,确切的判断方法应以风机标注箭头指示方向为准。若无箭头表示,则可通过试运转方法鉴别,也可以通过观察轴流风叶扭转角朝向来辨认其转向。风叶反转时风量很小(无风),正转时风量大。遇到反转时,单相风机把电容左右两个接线端对调即可正转;三相电源风机反转,将三相电源中的两相对换即可正转。

(2)观察风机的转速是否正常。

风机转速下降的原因：风机电压下降；轴承内有油垢或缺油，查轴承微卡；电容漏电或风机绕组短路。需视其故障进行排除。

(3)观察风机叶轮是否打滑。

风机能正常运转而吹不出风，多数是因为风叶紧固、螺钉松动而使风叶打滑。

2. 二听：倾听法(检测风机噪声故障)

(1)风机运转噪声。听风机运转时的噪声可判断风机故障。

(2)风机运转碰撞声。风机正常运转时，不应有反常的碰撞声。出现明显的碰撞声，一般由五种情况引起：①风叶与风圈的变形；②风叶与电机连接的紧固螺钉松动移位；③风机有裂纹；④风叶裂碎；⑤电机轴弯曲。应视其故障所在部位进行修复并排除。

3. 三摸：手感法(检测风机故障)

(1)手感法检测风叶松动。空调器断电后晃动风叶，正常时应感觉不到晃动。若风叶与电机轴之间摆动很大，可判定有两种情况：①风叶与电机轴固定螺钉松动；②轴承磨损，有间隙。应视松动情况和间隙大小分别修复。

(2)手感法检测风机温度。该方法就是用手触摸风机壳体温度来判断故障所在。空调器风机外壳温度通过风冷却后会略低于 100 ℃，虽手摸剧热发烫，但不应滴水发出响声；一旦滴水发出响声且很快蒸发，则说明风机已过载运行或已出现故障。

(3)手感法检测风量大小。在空调器运行中，手感出风口的风量。如发现出风量正常偏小，一般由两种情况引起：①室内侧空气过滤网被灰电堵塞，风轮有污物；②冷凝器散热片间被灰尘堵塞。这两种情况应分别清脏排除。

(4)风机抖动法检测。风机运转时触摸风机，若比正常时抖动得厉害，多数是由风叶平衡性差所产生的离心力引起的，或风机电机轴承严重磨损等引起，应视不同情况进行检修排除。

4. 四闻：嗅触法(检测风机故障)

空调器通风系统正常运行中不应有异常气味，异常气味通常有污浊气味和烧焦气味两种。

(1)污浊气味。空调器在正常运行中嗅到的污浊气味有以下五种情况：

①室内烟气味；②装修后的有毒气味；③空调器室内机塑料件频繁冷热导致塑料件散发异味；④室内机风口的海绵或绒布在时间过长或用户使用环境温度过大时发霉而产生异味；⑤季节替代之中，长时间关机没有定期开机吹风，而导致蒸发器翅片发霉，开机有异味。维修人员应根据不同的气味现象逐一排除。

(2)烧焦气味。烧焦气味是风扇电机超负荷、绕组升温发热而使其绝缘材料被烧焦产生的气味。遇到这种情况应立即停机检查。一般情况下，风机温度过高，会保护起跳。

5. 五测：电测法检测风机故障

利用万用表检测风扇电机、百叶电机、步进电机、电容器等用电设备，判断其是否损坏。

二、通风系统故障分析

通风系统的故障表现为风量下降、电机不转动及运转时噪声增大三个方面。

1. 风量下降

风量下降是指风量有明显减小，一般至少要下降 20%～30%。室内机组可用风速仪测量其粗略风量，再与产品说明书中标明的名义风量相比较。对于分体式空调机组，它有室内机和室外机的两套通风系统，它们与制冷系统的制冷量有密切关系。风量足，制冷量也足；风量不足，制冷量也会下降。如何判断风量下降，可以通过几种粗略的测量手段得出结果。①测量机组的进、出口风的温度差，室内机一般为 12～13 ℃，高于 13 ℃ 则为风量不足。另外，其冷凝温度升高可能是冷凝风量不足引起。②用手感觉来辨别风量大小，这要求有丰富的经验积累才能有一定的准确度。总之，风量下降的症状比较难以辨别，需要不断地实践来积累经验，并结合出现的其他症状进行综合分析。

引起风量下降的常见故障如下。

(1)皮带打滑。有些柜式空调器的室内风机与电机是以皮带传动的，皮带使用久了就会拉长。当电机转动时，皮带就会打滑，使风机转速下降，风量也相应减小。停机检查时，可用手指按压皮带以试皮带松紧程度。

(2)叶轮的紧固螺钉松动。若叶轮的紧固螺钉松动，当电机运转时，叶轮会打滑而空转，此时其风量下降非常明显。

(3)叶轮反转。三相电源的电机和单相双速电机出现叶轮反转，主要是接线错误造成的。

(4)滤尘网结灰。如果室内机组滤尘网结灰，空气的流动阻力就会增加，使风量明显下降。

(5)冷凝器结灰。如果冷凝器的散热片被灰尘堵塞，风量会明显下降。

2. 电机不转动

电机不转动的主要原因为电源保险丝熔断、电机绕组断路或匝间短路、启动电容击穿等。

(1)轴承严重磨损。轴承严重磨损使转子与定子单边摩擦，其症状是电机"嗡嗡"响、转不动或转速非常低、电流上升。若断掉电源后，用手转动电机轴，就会有较费力的感觉，并有摩擦声。

(2)电机绕组烧损。主要是压缩机内转子与定子卡死。卡死的压缩机，电机绕阻阻值正常，但通电后电流很大，电机不转。这种故障发生后，其电控保护也会反映出来。

（3）绕组匝间短路。测量电阻值，有明显减小，其症状是运行电流大，运行瞬间便烧毁熔断器。

（4）电机轴承（滑动轴承）烧熔。其症状是用手转动轴却转不动。

（5）电容击穿。其症状是电容电阻为零。

（6）长时间运行的空调器，电容很容易漏电失效，造成电容值下降，使电机的运行力矩减小、速度下降、风量减小。

3. 运转时噪声增大

运转时噪声增大的原因如下。

（1）叶轮与导风圈摩擦时，会发出碰撞声，其原因是导风圈移位或紧固螺钉较松，使叶轮产生移位现象。

（2）轴承严重磨损，但还能运转，运转时轴跳动或滚珠磨损而发出噪声。

（3）皮带损坏，发出"噼啪"声。

（4）电机底座螺栓松动，而发出抖动声。

（5）室内机电机贯流风扇轴套磨损及缺油，运转时有"吱吱"声。

（6）室外机电机支架变形或固定不牢，导致振动噪声。

三、故障检修方法

1. 观察风机的有关部位

（1）观察风机的运转方向。首先要区分顺时针和逆时针两种运转方式，判断时以电机上标注的箭头指示方向为准。若无箭头表示，也可通过试转观察叶轮扭转角朝向辨认。风机反转时风量变小，而正转时风量变大。如发现反转，可将风机电机三相电源的两相互换位置，即可恢复正转。

（2）观察风叶是否打滑。当风机运行时，如果吹不出风，另一种可能是风叶打滑。如目视发现风叶不转而轴转动，多数则是因为风叶上的紧固螺钉松动引起风叶打滑。检查时先停机，再用手摆动风叶，就能查出风叶是否松动。这时应将风叶固定孔对准轴的半圆并拧紧紧固螺钉。

（3）观察风机的转速是否正常。一般情况下，除风机供电电压下降影响其转速外，多数则是轴承与转子间发生故障引起。如目视发现风叶转速变慢，如果检测电压正常，则可能是轴承内有油垢、缺油、电机绕组或运行电容器故障，应视其故障予以排除。

2. 听风机运转时的声音

（1）风机正常运转时不应有反常的碰擦声，一旦检查时能听到反常的碰擦声，一般由三种情况引起：①风机与风圈、风机与机壳之间变形引起碰擦声；②风机与轴伸固定螺钉松动移位引起风叶与机壳碰擦声；③风叶变形或电机轴伸弯曲等引起风叶与机壳碰擦声。应视其故障进行排除。

(2)听噪声时应注意室内机与室外机噪声有所不同。室外风机噪声易与压缩机、电磁阀和轴承声混淆；而对于室内机，一般近距离倾听风机，无突发的异常声为正常。一旦听到风机有突发性异常噪声，则可判定为故障。

(3)倾听风机与相近的部件碰擦异常声。如窗机离心风叶与风圈碰擦，分体机室内、外风叶与导线、风口等碰擦。当检查听到异常声时，应顺着碰擦声传出方位找出故障所在，并予以排除。

(4)当风机电机转子与轴松动后，电机运转时就会听到"哗啦、哗啦"的机械冲击声。冲击声大小与松动程度有关，松动程度越大，冲击声就越响。若判定转子与轴严重松动时，应把轴取出，重新加工一根同尺寸的新轴，并压入转子孔内，校正位置。如发生轻微松动，可选用适当厚度的轴套插入转子与轴空隙中固定。当电机轴伸因多种情况引起弯曲变形时，风机运转时就会听到不均匀的跳动碰擦声。若判定轴伸弯曲变形后，严重时必须更换新轴，轻微时可通过校直进行修复。

3. 触摸风机有关部位

(1)摸风机电机温升。这是在运行中进行的。不同风机电机绕组使用的绝缘材料不同，耐温也不同。绝缘材料分为 A，B，E 三级，其工作温度分别为 105，120，130 ℃。电机外壳温度通过风冷却后会略低于 100 ℃，用手触摸电机外壳，能忍受约10 s，说明在100 ℃以下，为正常。若手无法接触，则说明电机过载运行或已出现故障，应查出原因予以排除。

(2)摸风机的抖动情况。风机抖动厉害，可能是风机平衡性差产生离心力，或是电机轴承磨损大而引起抖动。遇到这种情况，可从两方面检查：①调校叶轮的同心度；②检查电机轴径方向的摆动(停机时进行)，以手感判别说明其间隙。手能感觉松动，说明其间隙已很大，应更换轴承。

(3)手感风量大小，确定风机是否正常。这要凭经验进行，如手感室外风机排风口吹出的气流略有顶力感为正常，反之为不正常(夏季制冷时应吹出热风，冬季热泵制热时应吹出冷风)。如手感室内出风口吹出的气流也有顶力感(其程度比室外略差)为正常，反之为不正常(夏季制冷时应吹出冷风，冬季制热时应吹出热风)。上述室内风量不正常时有三种情况：①电压过低；②换热器翅片被灰尘堵塞或室内过滤网堵塞；③风机本身有故障。应视其原因予以排除。

4. 检测电容

如果风机的转速减慢或不转动，检查其他方面有没有问题，就应该用万用表电容测量挡测量室外机或室内机的电容值是否为零或明显减小。也可用万用表电阻挡测量，如果测得的电阻值为零说明电容已经击穿，如果电阻值为某一固定值说明电容已经失效。

四、维修案例

【案例 6.8】故障现象：空调室内机漏水。

原因分析：在制冷模式下，开机工作一段时间后，水珠从正面盖板与出风口上檐处滴下，但出风量很小，掀盖观察过滤网已被灰尘（脏物）堵死，因风量减小，蒸发温度降低，蒸发器结霜与脏网相连。取下滤网，再次开机，风量变大，漏水消除。

解决措施：把过滤网清洗干净，安装好，并提醒用户注意定期清洗保养空调器的室内机。

【案例6.9】 故障现象：空调室内机噪声大。

原因分析：室内机运转时不定时发出"吱吱"声，无论是制冷还是送风运转模式，故障现象相同，在开、关机时噪声特别明显。将面板、面框拆下，故障现象依旧，声音从左侧轴承处产生。维修人员开始判断是左侧风叶轴承套问题，可更换轴承套后仍有噪声。后经检查发现是贯流风叶安装太靠左，风叶轴顶住了轴承橡胶座，运行时摩擦产生噪声。

解决措施：将贯流风叶向右移动2 mm后噪声消失。

参考文献

[1] 王荣梅. 制冷空调设备维修[M].北京：化学工业出版社, 2012.

[2] 红江升. 小型制冷设备安装与维修技术[M].北京：化学工业出版社, 2011.

[3] 方贵银. 新型电冰箱维修技术与实例[M].北京：人民邮电出版社, 2000.

[4] 陈维刚. 制冷设备维修工：中级[M].北京：中国劳动社会保障出版社, 2003.

[5] 王荣起. 制冷设备维修工：中级[M].北京：中国劳动社会保障出版社, 2000.

[6] 刘合. 电冰箱、电冰柜原理与维修[M].北京：机械工业出版社, 2005.

[7] 张朝晖. 制冷空调设备维修技术与操作：上册[M].北京：中国纺织出版社, 2018.

[8] 邹开耀,张彪. 电冰箱、空调器原理与维修[M].2 版.北京：电子工业出版社, 2008.

[9] 魏龙. 制冷与空调职业技能实训[M].北京：高等教育出版社, 2008.